KB088561

지금,

우리,

남미

지금, 우리, 남미

1판 1쇄 발행 2017년 3월 20일
지은이 홍아미, 박산하, 양혜선 | 펴낸이 윤혜준 | 편집장 구본근 | 고문 손달진
펴낸곳 도서출판 폭스코너 | 출판등록 제2015-000059호(2015년 3월 11일)
주소 서울시 마포구 성미산로16길 32 (우 03986) | 전화 02-3291-3397 팩스 02-3291-3338
이메일 foxcorner15@naver.com | 페이스북 www.facebook.com/foxcorner15

ⓒ 홍아미 · 박산하 · 양혜선, 2017

종이 광명지업(주) | 인쇄 대신문화사 | 제본 국일문화사 | 디자인 오필민디자인
ISBN 979-11-87514-07-7 03980

지금,
우리,
남미

홍아미 · 박산하 · 양혜선 지음

30대 세 여행자의

낯섦보다 설렘 가득한

90일간의 남미 여행

폭스코너

프롤로그

인생의 버킷리스트를 찾아 떠난 남미

30대 세 여자의 배낭여행, 그 첫 장을 열다

이 책은 30대 여자 셋이 불현듯 떠난 남미에서 보낸 몇 개월간의 여행 이야기이다. 청춘의 끝자락을 잡고 서 있는, 10년 가까이 일을 해왔으나 그리 잘나지 않은 평범한 여자들이, 지구상에 존재하는 가장 비일상적 공간에 떨어졌을 때 얼마나 재미있는 일이 벌어지는지!

그동안 일상 속에서 서로 고민을 토로하고, 함께 울며 위로했던 세여자의 우정은 '남미'라는 새로운 땅에 도착하자 마음껏 현재를 즐기고, 젊음을 발산하며, 끝없이 도전하는 한 편의 영화로 변모했다.

매순간을 함께한 우리는 하루에도 몇 번씩 "재미있어", "행복해"라는 말을 뜬금없이 내뱉곤 했다. 밤하늘과 끝없는 소금호수를 빼곡히 수놓았던 별무리 속을 유영할 때, 400년 동안 내린 눈이 거대한

빙하가 되어 바로 우리 눈앞에서 굉음을 내며 무너져내릴 때, 해발 4,700미터의 고산 트레킹 끝에 만났던 69호수의 아름다움을 목격했을 때, 우리가 도착하기 얼마 전 용암이 분출했다는, 연기가 폴폴 나는 화산을 바라보며 트레킹했을 때……. 우리가 두 눈으로 본, 혹은 아직도 모르고 있을 아름답고 놀라운 풍경들이야 어디 다 헤아릴 수 있으랴.

사실 우리의 여행이 특별했던 것은 셋이 '함께'였기 때문이 아니었을까. 서로에 대해 너무나도 잘 아는 친구 사이였고, 직장 생활을 함께하며 산전수전 다 겪은 선후배 사이였으며, 연애와 결혼, 진로와 직장 문제까지 이런저런 고민을 함께 나누던 동반자 같은 관계였다. 그런 소중한 인연들과 인생에서 손꼽을 만한 행복한 여행을 함께한다는 것은 누구나 바라는 소망일 것이다.

우리는 3D 프린팅으로 피규어를 만들어 가지고 다니면서 남미의 수많은 명소에서 사진을 찍었다. 조금은 유치한 짓을 해도 서로를 너무나도 잘 아는 우리였기에 다 괜찮았다. 페이스북에 페이지를 만들어 매일 우리의 여행 이야기를 사람들과 나누었고, 그 기록이 차곡차곡 쌓여 이 책의 밑거름이 되었다.

세 女행자들의 인연, 여행으로 완성되다

우리가 처음 만난 건 20대 때였다. 작은 잡지사의 풋내기 기자들로 만나 알콩달콩 글도 쓰고 술도 마시며 낭만적인 사회생활 초년기를 보냈다. 사실 직장 생활을 하다 만난 인연이라는 게 돈독하기가 쉽지 않은데 우리가 친자매처럼 친해진 데에는 계기가 있었다.

그러니까 그날 우리는 갑작스레 해고 통보를 받았다. 정확하게는 잡지 폐간 통보였지만, 잡지가 없어지면 일할 곳이 없어지는 건 당연지사. 어이없게 회사에서 잘린 우리는 모두가 바쁜 월요일 오전, 집에 가지도 못한 채 근처 카페에서 말없이 멍 때리고 있었다.

암울한 미래에 대한 불안감, 믿었던 회사에 대한 배신감, 직장에서 잘리기나 하는 스스로에 대한 자괴감……. 그중에서도 가장 받아들이기 힘든 것은 당장 내일, 다음주, 다음 달에 할 일이 아무것도 없다는 막막함이었다. '이제 뭘 하지?' 이런 생각으로 말없이 커피만 홀짝거리던 나는 무심코 이렇게 중얼거렸다.

"그냥 꽃동네나 들어갈까?"

대학 시절 간혹 가평 꽃동네에 일주일 혹은 한 달씩 장기봉사를 떠났던 기억이 떠오른 것이다. 그 말에 두 사람은 갑자기 반색을 하며 따라가겠다고 나섰다. 왜인지는 모르겠지만 당장 뭐라도 할 일이 생긴 것에 기뻐하는 모습들이었다.

그렇게 직장 동료였던 세 사람은 일주일간 꽃동네에 들어가 의도치 않게 함께 잠을 자고 밥을 먹는 합숙 생활을 하게 됐다. 낮에는 호스피스 병동에서 봉사활동을 하고, 밤에는 수다를 떨거나 간혹 동양화 놀이를 하며 낄낄대기도 했다.

아픔은 빠르게 잊혀갔다. 잘 풀리지 않는 커리어에 대한 고민도, 늘 반복되기만 하는 연애와 실연의 고통도, 그 외의 크고 작은 걱정도 우리는 셋이 함께 풀어나갔다. 자주 만난 건 아니었다. 간혹 누가 먼저랄 것도 없이 우리는 의기투합하여 부산에서 봄을 만끽했고, 군산 선유도에서 신나게 자전거 하이킹을 즐겼다. 지리산 자락 한옥 마루에서 노닥거리기도 하다가, 동해가 한눈에 보이는 강릉의 한 호텔에서 함께 시름을 날려보내기도 했다.

그렇게 우리는 20대에서 30대가 되었다. 누군가는 몇 번의 이별을 경험했고, 또 누군가는 배필을 만나 결혼을 했다. 각자의 커리어도 차곡차곡 쌓았고, 그렇게 좋은 일이 있거나 슬픈 일이 있을 때 우리는 늘 함께 만나 기뻐하고 위로했다.

그리고 여행은 시작되었다

일이 벌어진 건 2년 전이었다. 여느 때와 마찬가지로 직장에 대한

불만과 잘 풀리지 않는 연애에 대한 고민을 술 한잔에 녹이고 있던 차에 갑자기 '세계일주'가 화두가 되었다. "왜 못 가. 맘만 먹으면 갈 수 있지." 호기롭게 외치는 사나와, "그런가. 난 그렇게까지 여행을 좋아해본 적이 없는데." 갸웃하는 로라. 그 사이에서 내 머릿속에는 뭔가 그림이 그려지기 시작했다. 셋이 장기 배낭여행을 가면 정말 재미있겠다는 것.

당시 〈꽃보다 청춘〉이 연일 화제였다. 사실, 청춘이라기엔 이미 살짝 늦어버린 40대 남자들의 페루 여행기가 어쩜 그리 재밌던지 혼자 남미 여행을 계획하고 있던 나에게 두 사람의 합류는 무척이나 소망하던 것이었다.

사실, 그 과정은 녹록지 않았다. 남미가 얼마나 먼 땅이던가. 프리랜서인 나조차도 석 달여의 시간을 내는 게 쉽지 않았다. 잘 다니던 직장에 사표를 내야 했던 사나와 로라는 설득해야 하는 부모님과 미래에 대한 불안과 걱정으로 잠도 못 이룰 정도였으리라. 몇 달간 우리는 함께 머리를 맞대며 고민했고, 설득했고, 결심했다.

우리가 함께 떠나기로 결정한 가장 큰 이유는 '지금 아니면 또 언제 해보겠어?'라는 치기 어린 생각에서였다 해도 과언이 아니다. 더 늦기 전에 하지 않으면 평생 못할지도 모른다는 위기감은 청춘의 끝자락에 선 30대 여자들을 움직이게 만들었다.

그렇게 우리는 하던 일을 정리했고, 주위 사람들에게 "남미로 떠나겠다"고 선언했으며, 일을 마무리하는 틈틈이 부랴부랴 여행 준비를 했다. 파라과이에 사는 동생을 만나기 위해 2015년 2월 25일 내가 먼저 여행을 시작했고, 두 사람은 3월 초에 출발해 아르헨티나에서 만났다. 그리고 우리가 꿈꾼 것만큼이나 행복한 여행이 시작되었다.

— 세 女행자를 대표해 레나 씀

레나

홍아미. 여행을 사랑하는 자유기고가. 스무 살 때 감행
했던 두 달간의 인도 여행 이래 지독한 여행 중독은 현재
진행형. 사랑하는 소설가 남편, 개성 강한 네 마리의 고
양이와 안정적인 생활을 하는 가운데도 무언가 꿈틀거리
는 열정을 잠재우지 못해 나 홀로 남미행을 꿈꾸기에 이른다. 그러
다 20대 때부터 여행 메이트로 지내온 후배 사나, 로라의 합류로 꿈
은 현실이 된다.

사나

박산하. 낯선 곳에서 글의 재료를 찾는 여행 에디
터. 《KTX 매거진》에서 따뜻한 감성이 담긴 글을 쓰
면서 여행기자가 되었다. 국내 곳곳, 여행 책에 나와 있

지 않은 곳에 오래 발길이 머물렀고, 그 소상한 기억을 글로 표현하고자 했다. 그 후 해외여행 잡지《AB-ROAD》의 에디터로 지내며 세계로 발길을 넓혔다. 좀 더 세세하고 자유로운 여행을 흠모하기에, 과감히 직장을 나와 여행 메이트와 함께 발길 닿는 대로 여행을 하고 있다.

로라

양혜선. 빡빡한 일상 속 틈틈이 여행을 즐기고 그 에너지로 하루하루를 살아가는 여행 애호가. 낯선 곳에서 느끼는 말랑한 감정이 긍정의 원천이라고 믿는 낙천주의자다. 변화를 두려워하지 않는 성격 탓에 다양한 직업을 경험해왔다. 글 쓰는 걸 좋아하고 떠남을 사랑한다. 결정부터 하고 고민하는 성격. 몰라, 믿어!

세 女행자들의 여행 준비

여행을 결심했다고 해서 뚝딱 준비해 무작정 떠날 수 있는 곳이 아니었다. 남미는 그랬다. 적지 않은 일정을 짜야 했고, 그만한 예산도 필요했다. 지구 반대편이 얼마나 먼 곳인지 떠나기 전에는 절대 실감할 수 없었다. 두 눈 빨개져가며 밤새 항공권을 찾고, 미지의 세계에서 조금이라도 덜 헤매기 위해 영어도 못하는 주제에 스페인어 공부까지 시작했다. 회사에 사표를 내고 가족들과 주변 사람들에게 우리의 결심을 알렸다. 우리를 잘 아는 지인들로부터 격려와 걱정의 소리를 듣는 일도 그 과정에 포함되었다. 마음이 무거워지기도, 설렘에 잠 못 이루기도 하던 날들. 비행기가 뜨기도 전에 이미 여행이 시작된 것 같은 기분.

D-30 항공권 예약하기

가족과 먼저 남미로 떠나는 레나는 이미 두 달 전에 런던을 경유해 브라질

상파울루를 거쳐 파라과이로 들어가는 항공편을 예약해두었다. 아시아나, 탐(TAM)항공, 그리고 란(LAN)항공까지 무려 세 개의 다른 항공편을 갈아타며 35시간을 가야 하는 여정이었다. 후발로 출발하는 사나와 로라 또한 다르지 않았다. 남미로 가는 직항은 없다. 미주 지역을 경유하든지 유럽 또는 두바이를 경유해야 했다. 항공권 비교 어플을 휴대폰에 깔아놓고 몇 주 동안 남미로 가는 최적의 항공권을 예매하기 위해 날마다 주시했다. 딱히 적당한 티켓을 발견할 수 없어 예매를 미루다 보니 어느새 D-30!

항공권을 예매할 때 가장 고려해야 할 점은 총 걸리는 시간, 경유 대기시간과 횟수, 남미에 도착하는 시간이다. 사나와 로라는 미국 로스앤젤레스를 경유해 아르헨티나로 들어가는 루트를 선택했다. 돌아올 때는 콜롬비아에서 출발해 휴스턴, 일본을 경유해 한국으로 왔다. 여러 번의 경유를 해야 할 땐 전 세계 항공권을 모아 서치해주는 카약, 스카이스캐너를 활용하는 것이 유용하다. 출발지와 목적지를 지정하면 가격, 등급순 등의 다양한 옵션을 선택해 최적의 항공권을 찾아주기 때문에 보다 편리하게 항공권을 예매할 수 있다. 경유 대기시간은 3~5시간 이내가 가장 적당하고 도착시간은 낮이어야 움직이기 안전하다.

● 추천 사이트

카약닷컴 www.kayak.co.kr   페어컴페어닷컴 www.farecompare.com
스카이스캐너 www.skyscanner.co.kr

D-25 스페인어 공부하기

남미 배낭여행이 우리나라 사람들에게 비교적 난이도가 높게 느껴지는 까닭은 머나먼 거리뿐만이 아니다. '영어가 제대로 통하지 않는' 지구상에 얼마 안 되는 지역 중 하나이기 때문. 실제로 세 여행자가 겪어본 바, 최소한의 스페인어는 배우고 떠나는 것이 여행의 즐거움을 배가시켜준다고 단언할 수 있다.

가뜩이나 영어조차 자신 없는 우리 같은 서민들이 스페인어에 능통할 리가 없었다. 그러나 여행을 향한 일념은 새로운 제2외국어를 접하게 했다. 세 명 다 스페인어의 S자도 모르는 무식쟁이였음을 밝혀둔다. 그러나 몇 주간의 임팩트 있는 공부만으로도 무사히 여행에서 스페인어를 써먹을 수 있었는데, 이 지면을 빌려 현지에서 요긴하게 써먹은 '여행 스페인어'의 정수를 공개하고자 한다.

● 참고

생각보다 스페인어는 진입 장벽이 낮은 언어다. 알파벳 그대로 읽으면 발음에 큰 문제가 없는 데다 우리에게는 익숙한 된소리 발음이 많아서 그런지 우리의 발음을 현지인들이 못 알아듣는 경우도 별로 없었다. 몇 가지 예외인 발음만 기억해두자. H는 묵음, J는 ㅎ 발음이라는 점 정도다. L이 두 개 연달아 붙어 있으면 y와 같은 발음이 되는데 예를 들면 'llamo(야모, 이름)' 같은 것들이다.

◉ 기본만 알면 돼! -세 女행자 ver. 단계별 스페인어

① 1단계_인사말 알기

어느 나라를 가든 그 나라의 인사말 정도는 알고 가는 게 글로벌 에티켓 아니겠는가. 남미도 마찬가지다. '헬로'는 잊어라. '올라'와 '그라시아스'가 입에 들러붙어 떨어지지 않을 때까지 쓰게 될 테니.

안녕하세요 : Hola(올라)

고맙습니다 : Gracias(그라시아스)

천만에요 : De nada(데 나다)

실례합니다 : Permiso(뻬르미소)

(헤어질 때) 안녕 : Chau/Adios(차우/아디오스)

네/아니오 : Si/No(씨/노)

② 2단계_숫자 외우기

여행자의 특성상 쇼핑을 하거나 시간표를 보는 일이 많은 만큼 숫자와 친해지는 일은 매우 중요하다. 휴대폰 계산기를 두드릴 수도 있겠지만, 숫자만 알아두어도 여행이 한결 수월해진다.

1 uno(우노)	2 dos(도쓰)	3 tres(뜨레쓰)
4 cuatro(꾸아뜨로)	5 cinco(씽꼬)	6 seis(쎄이쓰)
7 siete(씨에떼)	8 ocho(오쪼)	9 nueve(누에베)
10 diez(디에쓰)	11 once(온쎄)	12 doce(도쎄)
13 trece(뜨레쎄)	14 catorce(까또르쎄)	15 quince(낀세)
16 dieciséis(디에씨이쓰)	17 diecisiete(디에씨씨에떼)	18 dieciocho(디에씨오쪼)
19 diecinueve(디에씨누에베)	20 veinte(베인떼)	30 treinta(뜨레인따)
40 cuarenta(꾸아렌따)	50 cincuenta(씽꾸엔따)	60 sesenta(쎄쎈따)
70 setenta(쎄뗀따)	80 ochenta(오쩬따)	90 noventa(노벤따)
100 cien(씨엔)	1,000 mil(밀)	10,000 diez mil(디에쓰 밀)

③ 3단계_의문사로 묻고 답하기

이제 단계를 좀 더 높여보자. 우리가 흔히 아는 '육하원칙'만 외워도, 이해의 폭이 훨씬 넓어진다.

누구 : Quién(끼엔)   언제 : Cuándo(꽌도)   어디 : Dónde(돈데)

무엇 : Qué(께)   어떻게 : Cómo(꼬모)   왜 : Por que(뽀르께)

의문사를 활용한 질문에는 아래와 같은 것들이 있다(스페인어에서는 문장부호를 앞뒤에 붙인다).

저 사람은 누구인가요?   ¿ Quién es él?

언제 가나요?   ¿ Cuándo vas?

넌 어디서 왔니?(=Where are you from?)   ¿ De donde eres?

그게 뭐예요?   ¿ Que es?

잘 지내죠?(=How are you?)   ¿ Cómo estás?

왜 안돼?(=Why not?)   ¿ Por qué no?

④ 4단계_현지인들과 조금 더 친해지기

스페인어가 조금씩 귀에 익기 시작한다면, 자주 듣게 되는 질문들이 있을 것이다. 혹은 자주 하게 될 질문들도 있다. 간단한 회화가 가능해지는 스페인어 질문들을 미리 알아두자.

Q. 이름이 뭐예요?   ¿ Cómo te llamas?(꼬모 떼 야마스?)

A. 내 이름은 레나예요. Me llamo Lena. (메 야모 레나)

Q. 어느 나라 사람이에요? ¿ De dónde eres? (데 돈데 에레스?)

A. 한국 사람입니다. Yo soy Córeana. (요 소이 꼬레아나) cf. 남자는 꼬레아노

Q. 영어 할 줄 알아요? ¿ Hablas Ingrés? (아블라스 잉그레스?)

A. 네. 할 수 있어요. Si. Puedo. (씨, 뿌에도)

⑤ 5단계_활용도가 높은 단어들

Hay (아이)

'Do you have?'와 비슷한 의미로 뒤에 필요한 것이나 궁금한 점을 붙이면 된다.

- Hay una habitasion? (방 있어요?)
- Hay cafe con leche? (카페라떼 있어요?)

Por favor (뽀르 파보르)

'Please'라는 뜻이다. 필요한 것을 말하고 뒤에 이 단어만 붙이면 정중한 요구를 할 수 있다.

- La cuenta, por favor. (계산서 주세요.)
- Dos helados, por favor. (아이스크림 두 개 주세요.)

자주 접하게 되는 말들

- Muy bien. (좋아요. 괜찮아요.)
- Un momento. (잠깐만요. 잠깐만 기다려주세요.)

- Que pasa?(무슨 일이에요?)

- Vamos.(가자. 갑시다.)

- ¿ Dónde está el baño?(화장실이 어디에요?)

D-20 루트 확정하기

남미대륙은 워낙 우리나라에서 먼 곳이다 보니 대부분 한두 달 이상의 장기 일정으로 떠나는 이들이 많고, 또 매력적인 나라들이 다닥다닥 붙어 있어 여러 나라를 한 번에 다녀오는 경우가 대부분이다. 그러니 특별한 목적이 있지 않는 이상 대세를 이루는 여행 루트를 따르게 마련이다. 대개는 에콰도르나 페루로 시작해, 칠레를 따라 아래로 내려갔다가 아르헨티나와 브라질 쪽으로 돌아가는 반시계 방향 루트를 선호한다. 그러나 우리는 과감하게 이를 거꾸로 적용한 시계 방향 루트를 선택했다. 우리가 여행한 시기는 3~5월, 남미에서는 가을에서 겨울로 넘어가는 계절이었다. 계절상 겨울이 되면 여행이 힘들어지는 파타고니아를 앞으로 배치하고, 더운 적도 국가들을 비교적 시원한 계절에 보기로 한 것이다.

남미 여행을 결심한 이후, 다들 그렇듯이 우리도 각종 인터넷과 책을 뒤지며 정보를 취합하고 루트를 짜기 시작했다. 남반구의 대자연을 만끽할 수 있는 파타고니아 지방, 사진으로만 봐도 영혼이 맑아지는 듯하던 우유니 소금호수, 그리고 남미를 통틀어 가장 유명한(?) 마추픽추는 꼭 넣어야 했다.

물론 꼭 넣고 싶었으나 비용과 일정, 자연재해와 버스 파업 등 각종 변수로 포기해야 했던 곳들도 많다. 드라마 〈별에서 온 그대〉로 유명해진 칠레 북부의 '아타카마 사막', 아마존 정글 트레킹, 칠레 이스터 섬, 에콰도르의 갈라파고스 섬 등등. 거대한 대륙의 매력적인 여행지들을 하나도 남김없이

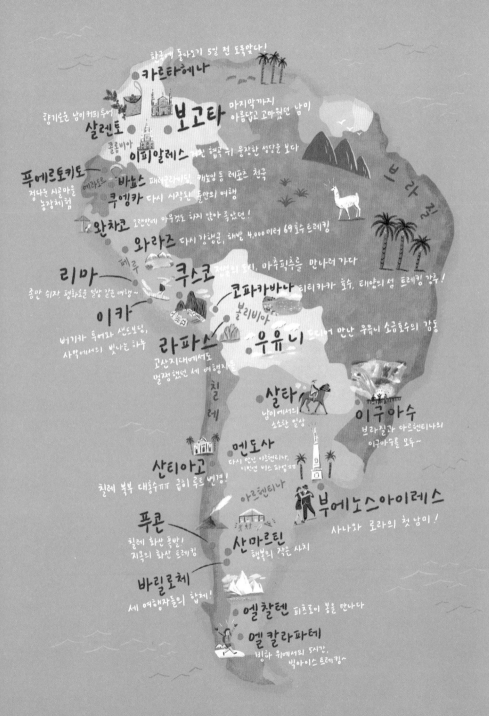

한국에 돌아오기 5일 전 도둑맞다!
카르타헤나

향기로운 남이 커피 투어
살렌토
콜롬비아

보고타 마지막까지
아름답고 고마웠던 남미

이피알레스 거친 협곡 위 웅장한 성당을 보다

푸에르토키토
정다운 시골마을
농장체험
에라도르

바뇨스 패러글라이딩, 캐뇨잉 등 레포츠 천국
쿠엥카 다시 시작된 둘만의 여행

완차코 오랜만에 아무것도 하지 않아 좋았던!

와라즈 다시 강행군, 해발 4,000미터 69호수 트레킹

리마
충만 쉬자 평화로운 일상 같은 여행~

쿠스코 잉카의 도시, 마추픽추를 만나러 가다

이카
버기카 투어와 샌드보딩,
사막에서의 빛나는 하루

코파카바나 티티카카 호수, 태양의 성 트레킹 강추!
볼리비아
라파스
고산지대에서도
열정했던 세 여행지들

우유니 드디어 만난 우유니 소금호수의 감동

페루

브라질

칠레

살타
남미에서의
소소한 일상

이구아수
브라질과 아르헨티나의
이구아수를 모두~

산티아고
칠레 북부 대홍수끼피 급히 루트 변경!

멘도사
다시 만난 아르헨티나,
이번엔 버스 파업 때문에

아르헨티나

부에노스아이레스
사나와 로라의 첫 남미!

푸콘
칠레 화산 폭발!
지옥의 화산 트레킹

산마르틴
행복의 작은 사치

바릴로체
세 여행자들의 합체!

엘 찰텐 피츠로이 봉을 만나다

엘 칼라파테
빙하 위에서의 6시간,
빅아이스 트레킹~

샅샅이 훑기에 우리가 가진 시간과 돈이 충분치 않았던 것이 현실.

여행이 끝날 때까지 우리는 이 여행이 어떻게 남을지 전혀 예상할 수 없었다. 어떤 일이든 일어날 수 있기에 더 매력적인 남미 배낭여행. 결국 우리가 다녀온 루트는 지도에 표시된 대로다.

D-12 우리만의 특별한 여행 준비

"우리 여행을 특별하게 남길 무언가가 필요해!"

일까지 때려치우고 떠나는 30대 여자들의 여행이었다. 오래오래 이 화려한 여행을 기억하고 싶었다. 그리하여 준비하게 된 세 여행자만의 특별한 여행 준비.

① '특별한 여행사진 남기기'··· 피규어와 함께한 여행

누구도 흉내 낼 수 없는 여행사진을 남기고 싶었던 우리는 우리 모습을 그대로 본뜬 피규어를 제작했다. 한 3D프린터 업체를 통해 제작된 손가락만한 크기의 피규어는 자세, 이목구비까지 우리와 똑 닮았고 셔츠의 구김까지 그대로 재현되었다. 결국 이 피규어는 비행기를 타기 전 인천공항을 시작으로 거대한 폭포 이구아수, 전설의 도시 마추픽추, 새하얀 모래사막 우유니까지 남미 여섯 개 나라의 구석구석을 우리와 함께 여행했다.

세 여행자를 꼭 닮은 피규어.

② '여행 하루하루를 기록하기'… 세 여행자의 페이스북

이번 여행이 특별한 만큼 두고두고 오랫동안 추억하고 싶어 SNS에 우리의 여행을 기록하기로 했다. 그래서 우리는 비교적 가볍게 사진을 올리고 끼적일 수 있는 페이스북을 선택했다. 세 여행자의 페이스북(www.facebook.com/3travelers)에는 여행 준비부터 여행 이야기, 여행이 끝났을 때까지의 모든 순간이 일기처럼 제법 상세하게 기록되어 있다. 남미 여행을 준비하는 여행자들에게 도움이 될 수 있으니, 참고하시길!

세 여행자는 돌아가며 페이스북에 사진과 글을 하루하루 빠짐없이 기록했다. 때로는 귀찮기도 했지만, 같이 찍은 사진을 보며 순간을 되새기기도 했고 서로의 감정을 이해하기도 했다. 여행이 끝난 지금도 세 여행자의 페이스북은 소소한 일상들로 업데이트되고 있다.

③ 여행을 위한 체력 준비… 기초체력을 기르는 운동

3개월간 파이팅 넘치는 여행을 하기 위해서는 체력 관리가 필수였다. 무엇보다 남미는 산, 빙하, 화산 등의 트레킹 프로그램이 많았고 이왕 남미 땅을 밟기로 한 이상, 우리는 되도록 모든 트레킹을 해보기로 했다. 하지만 우리는 급격히 체력이 감소하는 30대의 아주 평범한 여자들이었기 때문에 남미 여행을 무사히 마치기 위해서는 특별한 관리가 필요했다. 레나는 요가와 수영을 꾸준히 병행하며 유연성과 체력을 다졌고, 사나는 바쁜 일정에 특별한 운동을 하진 못했지만 가장 왕성한 체력을 자랑하는 만큼 크게 걱정하지 않았다. 가장 체력이 약한 로라는 일행에게 누가 될 수 없어 2개월 전부터 헬스를 끊어 기초체력을 다졌다.

D-7 짐 꾸리기 노하우

① 짐 꾸리기

세면도구 및 화장품은 단출했다. 세안용과 샤워용 비누는 로라네 언니가 손수 만든 비누를 몇 개 챙겼다. 스킨과 로션은 가벼운 패키지에 담겨 있는 것으로, 에센스와 수분크림 등은 올인원 제품으로 준비했다. 수건은 금방 마르는 스포츠 타월이 최고. 가장 아쉬웠던 건 마스크팩이었다. 뜨거운 햇살에 바싹 마른 피부는 되돌리기 힘들었다. 남미에서 절대 구하기 어려웠던 것은 마스크팩과 미스트다. 넉넉하게 챙겨가는 것이 좋다.

트레킹을 위해 등산용 바지와 바람막이를 챙겼다. 돌돌 말아 주머니에 들어가는 패딩도 필수. 가을에서 겨울로 넘어가는 남미는 생각보다 추웠다. 해변이나 숙소에서 자유롭게 신을 수 있는 스포츠 샌들도 필수다. 기분을 낼 수 있는 원피스도 하나 정도 챙기면 좋다. 일상복은 활용하기 좋은 레깅스나 셔츠 같은 것이 유용하다. 단, 현지에서도 어느 정도의 옷은 구할 수 있다. 특히 모자는 저렴하면서도 괜찮은 디자인이 꽤 많다.

② 예산 짜기 및 환전

이미 비행기 티켓은 샀다. 그런데 현지에서 어느 정도의 돈을 쓰게 될지 도무지 감이 오지 않았다. 한 달에 200만 원 정도 쓸 것을 대비해 준비했다. 약 600만 원을 기준으로 했고, 혹시 몰라 200만 원은 친한 친구에게 송금해 뒀다. 돈을 잃어버리거나 도난당했을 시 한국에서 받을 수 있는 돈이다. 기준을 잡고 떠나니 그에 맞춰 숙소를 고르고 투어를 했다. 돈은 부족하지도, 남지도 않았다.

되도록 달러로 환전을 해가면 좋다. 특히, 아르헨티나의 경우 암환전을 해야 손해를 덜 본다. 달러를 여러 곳에 분산해서 가져가도록. 여권이나 항공권 같은 경우는 사본으로 몇 장 준비하자. 혹시 도난당할지 몰라 휴대폰을 각각 두 개씩 가져갔다. 사나는 두 개 몽땅, 로라는 하나를 잃어버렸다. 다행히 남은 하나의 휴대폰으로 무사히 한국에 돌아올 수 있었다.

③ 굳이 챙기지 않아도 될 아이템들

- **꼬깃꼬깃한 종이 지도** 가이드북을 포함해 지도를 가져가는 건 옛날 방식 이다. 스마트폰에서 '맵스미', '구글 지도' 등 오프라인으로 사용할 수 있 는 지도를 다운받으면 된다. 현재 위치까지 정확히 짚어주니 길을 잃어 도 안심!
- **떡 진 머리에 유용한 모자** 남미엔 예쁜 모자가 아주 많다. 평소 모자를 잘 쓰지 않는 레나도 세 개나 구입했다. 무려 2,000원대에 산 야구모자와 털모자는 한국에서도 애용하고 있다.
- **이동 시간을 책임져주는 종이책** 평소 종이책을 선호하지만 무겁다. 남미에 서 전자책을 처음 샀는데 밤 버스에서 아주 유용했다. 단지 책의 종류가

한정되어 있다는 단점.

- **차기도 민망한 복대** 복대 두 개를 가져갔지만 한 번도 차본 적은 없다. 복대보다 깔창 아래가 더 안전하지 않을까.

- **회화책** 열심히 공부하며 여행을 다닐 생각에 영어회화 책과 스페인회화 책을 챙겨갔다. 하지만 버릴 수도 버리지도 못한 꼴이 되었다. 회화는 실전이다!

- **걱정 따위** 남미가 위험하다고? 위험한 지역과 밤 시간만 피하면 안전하게 다닐 수 있다. 어딜 가나 사람 사는 곳이다. 그렇다고 마음을 푹 놓아선 안 된다. 늘 의심의 시선으로 다녀야 한다. 특히, 친절하게 다가오는 사람일수록 다시 한 번 의심의 눈길을 주길.

- **액세서리, 특히 팔찌** 남미 가면 발끝에 걸리는 것이 팔찌다. 실, 가죽, 원석 등 다양한 재료로 만든 팔찌를 어디서든 살 수 있다. 남미 여행 끝날 때쯤엔 팔꿈치까지 팔찌로 두를지도 모른다. 가벼워 선물용으로도 좋다.

④ 챙겨가면 좋은 아이템들

- **책** 생각이 자라는 책. 시집도 좋고 오래도록 곱씹을 수 있는 에세이집도 좋을 것 같다. 아니면 평소 읽기 두려웠던 난해한 책도 추천. 단, 얇을 것.

- **좋아하는 음악 리스트 100** 와이파이가 터지면 스트리밍 음악을 들을 수 있지만 이동하는 내내 음악 없이 지낸 날이 많았다. 한국에서 미리미리 준비해가면 좋다.

- **노트북** 스마트폰으로 블로그에 글을 쓰기 시작하면 없던 짜증이 치밀어 온다. 저렴하고 가벼운 넷북 추천.

- **다이어리** 무겁더라도 하드커버 다이어리가 좋다. 남미 문구점에서 산 수첩에 메모를 했는데 도무지 애정이 가지 않았다. 선물로 받았던 다이어리를 놓고 갔던 게 두고두고 후회가 됐다.

- **원피스** 어느 신발에도 어울리는 원피스 추천. 위험할 거란 생각에 꼬질꼬질하게 다니자고 마음먹긴 했지만, 산뜻한 기분을 내 주는 건 무엇보다 치장이었다. 예쁜 옷을 입으면 자신감이 생기는 건 덤이다.

- **참기름** 다시다와 튜브형 고추장 등 한국적인 맛을 내는 조미료는 챙겼으나 아쉬운 1퍼센트는 참기름이었다. 음식의 화룡정점은 바로 참기름이다.

- **외국인 친구에게 줄 선물** 세계 여러 나라 친구를 만날 수 있는 기회다. 특히 우리나라에 관심이 많은 그들을 위해 한국적인 선물을 준비해가면 좋다. 우리는 로라네 언니가 손수 만든 한국적인 문양을 잘 살린 절편 미니 비누를 챙겨갔다. 한국적인 우표나 엽서도 OK.

- **마스크팩** 남미에 절대 없는 아이템. 마스크팩을 구할 수 없어 우리는 오이와 우유로 틈틈이 피부를 관리했다.

- **명함** 여행자가 무슨 명함이 필요하냐고? 무수한 여행자를 만날 때 나를 기억하게 만드는 나만의 방법이 필요하다. 개성이 담긴 재미있는 명함을 만들어 가면 여행 후 인연은 분명 이어진다.

Chapter 1

Argentina

꿈꿨던 여행의 모든 로망, 아르헨티나

비행기는 떴다.

우리가 매일 발을 딛고 섰던 땅, 밤을 새우며 일하던 일상.

너무도 많은 인연과 관계들로부터 훌쩍 날아올랐다.

이건 잠깐 쉬러 가는 휴가가 아니다.

영화 한 편 보면 도착하는 이웃 나라도 아니다.

지구 반대편, 저 멀리 남반구에 있는 거대한 대륙.

지구상에서 가장 낯선 땅에서 보게 될 풍경.

만나게 될 사람들은 과연 어떤 모습일까.

상상도 되지 않는 여정의 시작.

그 첫 번째 나라.

아르헨티나는 우리가 상상하고 기대했던

모든 로망을 다 충족해주었다.

부에노스아이레스
두근거리는 첫 만남

from 사나

두려움 반, 설렘 반, 절대 떨어지면 안 돼!

하루하고도 4시간이 더 지난 후에야 남미 여행의 첫 번째 도시, 아르헨티나 부에노스아이레스에 도착했다. 인천에서 도쿄, 휴스턴을 거쳐 드디어 남미 땅에 닿은 것이다.

"선배! 일어나봐! 도착이래!"

로라의 목소리는 들떠 있었다.

창밖으로 미니스토로 피스타리니 국제공항이 보이기 시작했다. 두근두근, 얼마나 오고 싶었던 땅이던가.

비행기에서 내리자 낯설고 뜨거운 공기가 훅 끼쳐왔다. 남미의 공기는 예상했지만, 피부에 닿으니 꿈만 같았다.

'여기가 남미구나!'

오랜 비행으로 피곤했고, 집 생각이 났다. 내 방 침대에서 다리를 쭉 뻗고 실컷 자고 싶은 생각이 그 순간 왜 그토록 강렬했을까. 하지만 이제 돌이킬 수 없다. 짐을 기다리는 동안 약간의 후회가 밀려온 건 사실이었지만, 옆에 있는 로라에게는 내색하지 않았다. 로라의 눈빛에서도 약간의 두려움이 느껴졌으니까.

미리 알아놓은 숙소를 찾아가기 위해 주소가 적힌 메모지를 꺼냈고, 택시를 타기 위해 ATM 기계에서 돈을 뽑으려고 했지만, 실패.

'처음이니까, 괜찮아!'

애써 다독였다. 조금 비싸게 달러로 택시비를 내고 시내를 향해 달렸다. 우린 택시 뒷좌석에 꼭 붙어 앉았다. 아니, 오른쪽 자리에 두 명이 함께 끼어 앉았다는 표현이 더 맞다. 잠시라도 떨어지면 큰일 날 것처럼. 의심스러운 눈초리로 택시 기사를 바라봤다. 길은 맞게 가고 있는 걸까? 혹시 웃돈을 요구하는 건 아닐까? 아니면 어리바리한 우리를 어디론가 데려가는 건 아닐까? 30분이란 짧은 시간에 무수한 걱정이 스쳤다.

창밖의 풍경은 지금까지 보지 못했던, 완전히 새로운 장면이었다. 금세 복잡한 시내로 접어들었는데, 사람들로 북적거렸고 이국적인 건물들이 빼곡했다. 우린 시골에서 갓 상경한 촌스러운 아이처럼 창에서 눈을 뗄 줄 몰랐다.

택시는 묵묵히 달려 숙소 앞에 우리를 무사히 내려줬다. 남미 대륙

에서의 첫 번째 숙소는 한인 민박. 여행 준비를 많이 못한 우리는 여기에서 루트도 짜고, 정보도 얻어야 했다. 한국말이 들리니 그제야 안심이 되었다. 환전하는 법과 둘러볼 만한 곳, 해볼 만한 투어까지 물어본 후, 거리로 나섰다.

민박집에서 15분 정도 걸어가자 레스토랑과 상점들이 모여 있는 시내가 나왔다. 꽤 높은 건물들 때문에 거리는 깊은 그늘이 드리워져 있었다. 갱스터들이 어디선가 튀어나올 것같이 음산했다. 우리 둘은 서로 팔짱을 낀 채 두리번거리며 환전소로 걸음을 재촉했다.

환전소가 가까워지자 어디선가 "캄비오! 캄비오!" 하는 소리가 들리기 시작했다. 이 소리를 내는 사람을 따라 비밀리 환전을 하면 되는데(암환전이기 때문에), 아무래도 돈을 쉽게 꺼내지 못할 것 같았다. 마음속으로는 오들오들 떨었지만 아무렇지 않은 척 환전을 했다.

우리의 마음과는 반대, 부에노스아이레스는 평화롭기만 했다.

부에노스아이레스 거리는 복작복작 활기가 넘친다.

무사히 성공!
우리는 하나하나 미션을 수행하는 것처럼 자신감이 붙어갔다.

용기를 가져야 해, 진짜 여행을 하려면

그렇게 조금씩 낯선 땅에 익숙해지고 있었다. 한인 민박에는 여행
고수들이 많이 머물고 있었다. 그들에게서 남미 여행에 유용한 정보
를 얻을 수 있었다. 그들이 어찌나 용감해 보이던지. 아무렇지 않게
거리를 돌아다니는 것조차 신기하기만 했다. 겁 많은 로라와 나는 부
에노스아이레스에 있었던 3일 동안 절대 떨어지지 않았으니 말이다
(나중에는 왜 그랬는지 후회했다. 어디서든 좀 더 용감해질 필요가 있다).

첫날 밤, 딱딱한 침대에 누웠다. 창밖의 풍경은 스산했다. 거리는
한산했고, 어디선가 총소리가 울릴 것 같은 불길함이 느껴졌다. 하지
만 아무 일도 일어나지 않았다.

"사람을 믿지 못하면, 어디든 걷지 않으면 여행을 할 수 없어!"

레나 선배의 목소리가 들리는 듯했다. 우리보다 혼자 여행을 많이 다녔던 선배는 떠나기 전, 이 이야기를 해줬다. 20대 때 혼자 세계 곳곳을 돌아다닌 이야기를 덧붙이면서. 비록 나도 기자로서 여행을 많이 다녔지만 든든한 사진기자와 늘 함께였다. 혼자 여행하는 것은 위험하다고 생각했다. 억지로 잠을 청하며 내일은 좀 더 용감하게 이 낯선 곳을 누벼야겠다고 다짐했다.

다음 날, 숙소 주변을 하루 종일 샅샅이 훑었다. 지도를 펼쳐 사람들에게 길을 물었고, 좋은 곳을 소개받았다. 저녁엔 탱고 강의와 공연을 예약했다. 그곳에서 만난 한국인 남자 두 명. 그중 30대였던 태형 씨와 금세 친해졌다. 우리는 어설픈 동작을 서로 바라보며 웃었다. 수학 선생님인 태형 씨는 우연히 본 '우유니 소금사막 사진 한 장'에 감동받아 남미행을 택했다고 했다. 우리의 인생을 바꾸는 건, 어쩌면 하나의 장면, 한 마디의 말인지 모른다. 우리와 마찬가지로 남미에서 이틀째를 맞는 그였지만, 이 낯선 땅이 하나도 두렵지 않다고 말했다. 오히려 새로워서 신이 난다고!

우리는 탱고 공연장에서 함께 저녁을 먹고 와인을 마셨다. 그의 용감무쌍한 이야기를 들으며 조금은 용기를 내볼 마음을 먹었다. 그렇게 남미의 흥겨운 음악으로 물든 또 하루의 밤이 지나가고 있었다.

길거리에서 흥겹게 음악을 즐기는 사람들.

식사를 즐기며 탱고 공연을 보는 맛!

거리에서 탱고를 추는 아마추어 댄서를 흔히 볼 수 있다.

부에노스아이레스
뜨거운 남미 도시 활용법

from 레나

두근두근 낯선 도시와의 데이트

배낭여행을 좀 해본 이라면, 도시 관광의 내용이 사실 뻔할 수밖에 없다는 것을 인정하리라. 마치 의무방어전 같다고 할까. 이왕 유명한 도시에 왔고, 밥상은 차려져 있으니 안 먹는 건 왠지 예의가 아닌 것 같고, 그러나 그 나물에 그 밥이고. 자칫 번잡스러운 대도시의 분위기에 휩쓸려 몸도 마음도 지레 지쳐버리기 일쑤다.

그러나 부에노스아이레스는 달랐다. '좋은 공기'라는 의미의 도시 이름답게 공기에서부터 특유의 분위기가 느껴졌다. 이국적이면서 동시에 친근한. 그것은 뜨거운 삶의 냄새이기도 했고, 여유와 풍요로움의 느낌과도 비슷했다. 'Cambio'(깜비오, 환전)를 외치며 호객하는 무리들조차도 "No, Gracias."(아뇨, 감사합니다.) 한 마디면 기분 좋게 고개를 비행기 안에서 본 부에노스아이레스의 반짝이는 야경. 설렘.

끄덕이며 길을 비켜주었다. 티스푼 하나를 사는 데도 상인들은 "Que Linda!"(아름다우시군요!)와 같은 찬사에 인색하지 않았다.

아름다운 도시는 나를 더 멋진 사람으로 만들어주는 듯했다. 궁전 같은 서점에서 책을 고르고, 시원한 아구아토니카(탄산수)를 마시는 내가 마음에 들었다. 마치 도시 전체와 데이트하는 기분이랄까. 부에노스아이레스의 기분 좋은 공기는 그렇게 나를 완벽하게 감쌌다.

카페 토르토니(Tortoni)에서 낭만을 만나다

어느 날 우연히 들었던 탱고 음악을 기억한다. 카를로스 가르델의 〈El dia que me quiera(당신이 나를 사랑하는 날)〉. 노이즈조차 낭만적인 이 노래를 듣고 있노라면 그 누구와도 사랑에 빠질 수 있을 것 같았다.

사실, 부에노스아이레스를 이야기할 때 탱고를 빼놓을 순 없다. 곳곳에 화려하게 치장한 탱고쇼 극장이 즐비하고 길거리에선 하루 종

카페 토르토니의 작은 극장에서는 매일 탱고쇼가 열린다.

150년 역사의 멋진 탱고 카페, 토로토니.

일 음악이 흘러나오며, 멋지게 차려입은 남녀가 농염한 춤을 추어댄다. 아무리 음악에 문외한이고, 평생 단 한 번도 탱고와 연이 닿지 않았던 사람이라도 이 도시에서만큼은 탱고의 매력에서 벗어나기 힘들 것이다.

그런 이유로 부에노스아이레스에 도착하자마자 찾아간 곳이 바로 탱고 카페 '토로토니'였다. 카를로스 가르델이 생전에 단골로 드나들었다는 카페. 멋진 턱시도를 차려입은 노신사 웨이터들이 우아하게 서빙을 하고, 은은한 탱고 음악이 흘러나오는 곳. 전 세계에서 몰려온 단체 관광객들의 북새통 속에서도 150년 역사를 자랑하는 이 오래된 카페는 특유의 고아한 분위기를 잃지 않고 있었다.

카페 한편에 마련된 작은 극장에서는 매일 밤 은밀한 탱고쇼가 펼쳐졌다. 화려한 의상을 입은 댄서들이 주고받는 몸놀림과 눈빛은 탱

고가 왜 사랑과 낭만의 춤인지 알 수 있게 해주었다. 흥겨움, 신남과
는 다른 묘한 열정에 가슴이 들썩거렸다. 천천히 혹은 빠르게 흘러가
다가 치솟는 에너지의 변주가 눈과 귀를 사로잡았다. 약 1시간의 쇼
가 펼쳐지는 동안 나는 탱고가 보여준 다양한 매력에 완전히 매료돼
버렸다. 마지막에 가수가 〈El dia que me quiera〉를 부를 때는 주
책없이 눈물까지 흘릴 뻔했다. 이 노래를 라이브로, 다른 곳도 아닌
부에노스아이레스에서, 그것도 가르델이 그렇게 자주 드나들었다는
카페에서 듣는 감동을 무엇과 비교하랴.

화려하고 반짝거리는 것만이 아름다운 건 아니다

우아한 극장에서 디너쇼를 즐기며 탱고를 감상했지만, 사실 탱고
가 처음 태어난 곳은 땀 냄새 나는 라보카 지구의 조선소 일대라고
한다. 가난한 이탈리아 이민자들이 고된 육체노동을 마치고 하루의
피로를 풀던 곳. 술집에서 와인과 맥주를 마시며 고향을 이야기하고,
탱고를 연주하고 춤을 추며 슬픈 타향살이의 한을 풀었을 것이다. 세
상에 이렇게 낭만적인 노동자들이 어디 있을까.

알록달록하게 색칠한 라보카 지구의 카미니토 거리를 걸으며 100년
전의 항구를 상상해보았다. 내가 발을 디딘 이곳에서 치열하게 살았
고, 눈물겹게 사랑했던 사람들. 탱고가 왜 그토록 뜨겁게 다가왔는지
조금은 알 수 있을 것 같았다. 화려하고 반짝거리는 것만이 아름다운
것은 아니다. 비루한 현실을 잊기 위해 추었던 춤, 모자란 페인트로

따스한 햇볕이 내려앉은 컬러풀한 라보카 지구.

재미있는 조형물도 볼 수 있다.

알록달록, 걷기만 해도 기분이 좋아지는 라보카 지구.

덕지덕지 채색한 집들……. 라보카 지구를 걸으며 나는 알 수 없는 긍정적 기운에 도취되는 것 같았다. 때로는 결핍된 삶 그 자체만으로도 아름다움은 완성되는 법.

네 덕에 나는 잠시나마 뜨거웠으니 그것으로 됐다

뮤지컬 〈에비타〉를 영화로 본 적이 있다. 영화에서 그려냈던 1930년대의 부에노스아이레스를 기억한다. 유럽과는 또 다른 느낌의 번화한 시대상에 낯설기도 했고, 궁금하기도 했다. 밑바닥 인생에서 영부인의 위치까지 올랐던 입지전적인 인물. 그녀가 마음에 들었다. 그녀의 극적인 삶에 대한 호기심 때문만은 아니었다. 온 힘을 다해 생을 끌어안은 여자였다. 온몸이 부서지도록 이 세상과 사람들을 사랑한 여자였다. 그리고 부에노스아이레스는 그 뜨거움을 닮은 도시였다.

그녀의 무덤이 있다는 레콜레타 공동묘지를 찾아갔다. 역대 대통령을 비롯하여 아르헨티나의 유명 인사들의 무덤이 모여 있는 곳. 이곳에 묘를 쓰려면 우리나라 돈으로 약 5억 원의 자릿세가 필요하다고 한다.

묘지의 풍경은 기묘했다. 메인 거리에서 조금 비켜 나왔을 뿐인데도, 밑도 끝도 없는 적막이 귀를 멍하게 했다. 한낮의 햇빛은 작열하는데 기이할 만큼이나 고요해서 그저 막연한 심정이 되었다. 마치 낯선 도시에 떨어진 앨리스가 된 기분.

"혹시 여기서 유령이라도 봤어요?"

누군가 말을 거는데 이상하게도 난 놀라지 않았다. 아마도 이 도시
에서는 어떤 일이 일어나더라도 받아들일 마음의 준비가 된 것이리

한낮의 레골레타 공동묘지는 적막했다.

라. 그는 눈빛이 선한 남자였다. 큰 눈동자에 웃음기가 서려 있었다.

"농담하지 말아요. 안 그래도 조금 무서웠단 말이에요."

낯선 도시에서 처음 본 남자와 대화를 나누는 나 자신이 조금 어색하게 느껴졌다. 우리는 누군가의 묘지 옆에서 잠시 이야기를 나누었다. 부에노스아이레스의 한 도서관에서 사서로 일한다는 그는 자신을 파울로라고 소개했다. 지나가다가 그냥 친구가 되고 싶은 마음에 말을 걸었다는 것이다.

"부에노스아이레스는 참 멋진 도시네요."

"마음에 들어요?"

"그럼요. 아르헨티나의 다른 도시들도요."

"나보다 아르헨티나를 더 좋아하는 것 같네요."

그는 맥주라도 마시지 않겠냐고 제안했다. 이미 내가 결혼한 몸이 아니었다면, 그의 제안을 받아들였을까. 도시가 주는 뜨겁고 치열한 삶의 기운에 도취된 나머지 그랬을지도 모르겠다. 짧은 15분간의 대화가 끝나고 우리는 작별인사를 나누었다. 해맑게 손을 흔들며 떠나가는 파울로를 보며, 나는 왠지 부에노스아이레스라는 도시와 작별인사를 하는 기분이 들었다.

만나고 헤어지고, 여행은 어쩌면 이리도 우리 삶과 똑같은가. 참 멋진 도시. 네 덕에 나는 잠시나마 뜨거웠으니 그것으로 됐다. 다음 도시를 만나기 위해 비행기에 오르며 난 조용히 손을 흔들었다.

이구아수 폭포
남미의 거대한 환영인사

from 레나

국경을 가로지르는 장엄한 폭포

　브라질과 아르헨티나 접경 지역에 있는 이구아수 폭포는 거대한 크기 덕분에 브라질 쪽의 포즈두 이구아수, 아르헨티나 쪽의 푸에르토 이구아수, 두 가지 얼굴을 가지고 있다. 일단 이구아수를 제대로 보기로 결심했다면 어느 쪽도 포기해선 안 된다는 얘기에, 하루에 두 곳을 다 돌기로 마음먹었다. 사실 이구아수 폭포 자체는 아르헨티나 국경에 속해 있다. 그러나 아래쪽에 위치한 브라질 국경 안에서 더 가까이 볼 수 있기 때문에 국립공원으로 지정해 개발해놓은 것.

　한때 브라질과 아르헨티나의 정상회담이 있었을 때 두 정상들 사이에 이런 농담이 오가기도 했단다.

　"우리 국경 안에 있는 이구아수 폭포 때문에 수입이 꽤 짭짤하시다

는데, 저희한테 사례 좀 하셔야 하는 것 아닌가요?"(아르헨티나 정상)

"그럼 가려보시던가요."(브라질 정상)

이 얘길 듣고 폭소가 터져나왔다. 이구아수 폭포를 실제로 본 사람이라면 이를 가림막으로 가려보라는 얘기가 얼마나 어이없는 유머인지 알 수 있을 테니까.

포즈두 이구아수는 '이구아수의 입'이란 뜻이란다. '악마의 목구멍'이 클라이맥스니 참으로 적절한 작명이다. 티켓을 사서 입장하면 또 줄을 서는데 목적지까지 데려다줄 2층 버스를 타기 위함이었다. 거리가 꽤 멀어 버스를 타야 했는데, 탁 트인 2층에서 푸른 녹음과 신선한 바람을 쐬며 달리는 기분은 꽤 즐거웠다. 한 10분쯤 달렸을까. 거기서부터 산책길이 시작됐다. 사람이 많아서 줄지어 걷다가 폭포가 나오면 옹기종기 모여 사진 찍고, 좀 번잡스러운 환경이었다. 길이 좀 넓었다면 나았을까. 얼마 걷지 않아 저 멀리 폭포가 보이는 전망대를 만나게 되는데, 첫 대면의 소감은 그저 '아, 폭포다!'였다.

한 걸음 한 걸음, 악마의 목구멍 속으로

멋지지 않아서가 아니라 실감이 나지 않아서였다. 거리가 멀어서였을까. 사진에서 보던 크고 넓은 폭포가 현실감 없이 저기에 존재하고 있었다. 어쨌든 환호와 함께 기념사진은 필수. 그 폭포를 오른쪽에 두고 계속 걷는데 처음 보는 야생동물이 자꾸 발밑을 쏘다녔다. '쿠아티'라는 야생동물인데 일종의 이구아수 마스코트다. 야생동물

주제에 식탐이 어쩌나 많은지! 가방 안에 든 음식도 귀신같이 알아채고 훔쳐가니 조심해야 한다. 그렇게 걷기를 30여 분, 드디어 악마의 목구멍에 도달했다. 저 멀리 그 위용이 드러나는데 그에 앞서 엄청난 물줄기에서 비롯된 물보라가 촉촉하게 사람들을 적셨다. 다 왔다고, 환영한다고 인사하는 것 같았다. 걷느라 더웠기 때문인지 몸이 젖는 게 결코 불쾌하지 않았다.

진짜 이구아수는 이때부터였다. 한 걸음, 한 걸음…… 폭포에 다가갈수록 거대한 폭포의 위용, 온몸의 감각을 압도하는 물소리, 사방에서 튀어나오는 물보라 세례에 혼이 쏙 빠지는 것 같았다. 폭포 가

포즈두 이구아수의 위엄.

브라질 포즈두 이구아수의 전망대.

까이에 난 전망대로 끝까지 걸어가서 주위를 둘러보니, 마치 내가 거대한 폭포 한가운데서 성스러운 세례를 받는 것 같았다. 가장 깊은 곳에 들어가면 물이 튀는 정도가 아니라 아예 옷 입고 샤워하는 꼴이 되는데 그 즐거움을 무엇이라 표현하면 좋을까. 거대한 자연의 품에 폭 안겨 노는 느낌이랄까. 쉴 새 없이 웃음이 터져나왔다. 이유는 모르겠는데, 덮어놓고 깔깔대며 웃었다. 물 때문에 카메라를 꺼내들 수 없었으니, 다만 온몸의 감각으로 그날의 즐거움을 기억할 수밖에.

물의 축복에 끊이지 않는 감탄

"브라질 이구아수가 낫냐, 아르헨티나 이구아수가 더 낫냐?" 하고 묻는 것은 마치 "아빠가 좋아, 엄마가 좋아?"라는 무의미한 질문과 다름없다. 그러나 두 군데를 반드시 다 보아야만 이구아수를 제대로 본 것이라는 얘기는 그만큼 각기 다른 매력을 갖고 있기 때문일 것이다. 브라질 포즈두 이구아수에서 한껏 몸과 맘을 적신 나는 간단히 샌드위치로 허기를 달랜 후 곧바로 아르헨티나 국경을 넘었다. 푸에르토 이구아수 국립공원 앞은 꽤 한적했다. 넓은 길과 잘 관리된 공원이 눈에 띄었다. 길을 따라 10분쯤 걸어가자 기차역을 만날 수 있었다. 악마의 목구멍까지 가는 기차였는데 이 또한 나름대로 운치가 있었다. 초록색 원목으로 만든 기차는 친환경적으로 보이기까지 했다. 중간중간 다른 전망대나 보트투어를 하기 위해 내리는 사람들도 있었지만, 난 최종 종착지인 악마의 목구멍에서 내렸다.

이구아수 곳곳을 다니는 열차, 여행자들의 발이 되어준다.

악마의 목구멍을 보러 가는 길, 어찌나 설레던지!

원주민인 과라니 족 언어로 '큰물', '위대한 물'이란 뜻의 이구아수.

말로 표현해 무엇하리! 초당 1,000톤에 달하는 물을 쏟아내는 폭포.

기차에 내린 다음부터는 강 위에 설치해놓은 철제다리 위를 한참 걸어야 했다. 한 30분은 걸었나 보다.

철제다리 밑은 구멍이 숭숭 뚫려 있어 강이 흘러가는 게 다 보였다. 그러니까 강 위로만 30분을 걸었으니 얼마나 넓은지 상상이 되는가. 깊이는 모르겠으나 정말 어마어마한 양의 물이었다. iguasu의 유래가 'igu=물, asu=아! 같은 감탄사'라고 하던데, 정말 감탄을 자아내는 물이었다. 엄청난 스케일에, 압도되는 에너지에, 무엇과도 비교할 수 없는 아름다움에……. 그렇게 한참을 걸어 만난 악마의 목구멍.

푸에르토 이구아수는 폭포의 약간 위쪽에 위치해 있어 제대로 된 전경을 감상할 수 있다는 게 장점이었다. 브라질처럼 물을 맞을 필요도 없었다. 한마디로 멋있었다. 무서울 정도로 콸콸콸 흘러내리는 거대한 폭포라니. 한눈에 다 담을 수도 없는 엄청난 스케일이라니. 중간중간 폭포 아래쪽에서부터 물보라가 쏴아아 하고 피어올랐다 사그라지곤 했다. 그게 마치 영험한 신의 입김처럼 보여서, 왜 이곳의 별칭이 악마의 목구멍인지 알 수 있었다. 그렇게 하루 종일 물 구경을 하고 내려오니 이제 다 봤냐는 듯이 먹구름 낀 하늘에서 번개가 치고 비가 내리기 시작했다.

아, 온통 물이다.

겨우 말랐던 몸이 또 젖었다. 제대로 축복받은 날이었다.

엘 찰텐
두 발이 가르쳐주는 정직한 결과

from 사나

설산을 배경으로 한 평화로운 마을

성실한 걷기만큼 여행지를 자세히 보는 방법이 있을까. 어디선가 사뿐히 날아든 눈송이와 나뭇잎 사이로 모습을 드러낸 설산, 영롱한 호숫가의 물소리 등은 두 발이 주는 선물 같았다. 그렇게 온몸으로 마주친 풍경은 오랫동안 잊히지 않는 법. 우린 하루 꼬박 피츠로이를 보러 떠난 트레킹에서 성실함이 주는 기쁨을 느낄 수 있었다.

고요한 마을, 아르헨티나 남부의 엘 찰텐에 닿았을 때 부슬비가 내리고 있었다. 촉촉한 마을은 띄엄띄엄 켜진 불빛 덕분에 더욱 따스했다. 비도 오고 어두웠기에 망설일 틈도 없이 여행자들의 발길을 따라한 호스텔에 짐을 풀었다. 도착한 호스텔엔 알 수 없는 언어들로 생기가 가득했다. 4인 도미토리에 배정받은 로라와 나는 아무도 없어 안심했지만, 곧 누군가 문을 두드렸다. 금발의 외국인 남자! 셋은 동시에 한숨을 쉬었다. 여행 초반이라 남자 여행자와 한방을 쓴다는 것이 익숙지 않았기에, 우린 인사만 하고 재빨리 방을 빠져나왔다(처음에는 서먹했지만 다음 날 피츠로이 죽음의 코스에서 우연히 만난 우리는 소리를 지르며 반가워했다). 두 블록 떨어진 마켓에서 파스타 재료와 와인을 사서 푸짐한 저녁을 차린 후 새로운 도시에 들어선 걸 자축했다. 다음 날 날씨가 좋아지길 기대하며!

작은 마을에 여행자들이 몰려드는 단 한 가지 이유는 눈 덮인 피츠로이를 더 가까이 보기 위해서였다. 피츠로이를 만끽하는 '로스트레스 호수 트레킹'은 꼬박 8시간을 걸어야 하는 만만치 않은 코스. 그것도 날씨 운이 좋아야 설산의 피츠로이를 볼 수 있다. 비 오는 창밖을 보니 살짝 걱정이 되었지만 내일 트레킹을 위해 일찍 잠자리에 들었다.

다음 날, 창을 두드린 건 다행히 바람이었다. 서둘러 나갈 준비를 마치자 날은 점점 맑아지고 있었다. 가벼운 차림으로 지도 한 장 들고 출발! 아침의 엘 찰텐 마을은 어제보다 예뻤다. 아기자기하게 꾸민 상점들은 막 문을 열려던 참이었고, 그 앞엔 큰 개들이 어슬렁거렸다. 마치 유럽의 어느 시골 마을에 온 것 같은 여유가 느껴졌다. 트레킹 코스엔 마땅한 식당이 없기 때문에 도시락을 챙겨가야 했다. 마

엘 찰텐 가는 길에 들른 라 레오나 호텔.

호텔에서 커피와 파이를 먹으며 잠시 휴식.

고요하고 평화로웠던 마을, 엘 찰텐.

아르헨티나의 호수 물빛 같았던 국기 앞에서.

을 입구, 작은 베이커리에 들어가 빵 몇 개를 골라 배낭에 넣었더니 한결 든든해졌다.

숲의 낯섦과 익숙함 사이

몇몇 여행자들의 발길을 따라가다 보니 어느새 트레킹 입구에 닿았다. 숲에 발을 딛는 순간, 거대한 초록 동굴에 들어선 것 같은 기분이 들었다. 가파른 산길이 한참 동안 이어져 숨을 몰아쉴 때쯤이면 완만한 흙길이 나타나 걷기 어렵지 않았다. 평지를 걸을 땐 로라와 숲에 대해 이야기했다. 어릴 때 만났던 동네 숲부터 커서 올랐던 덩치 큰 산까지. 숲에 대한 기억은 생각보다 많았고, 비슷한 풍경이었다. 그렇게 도란도란 이야기하는 사이, 우리 눈앞에 펼쳐진 놀라운 풍경!

"꺅! 저것 봐!"

동시에 소리를 질렀다. 저 멀리 우뚝 솟아 있는 설산. 한들거리는 초록 잎 사이로 보이는 새하얀 산이라니! 동네 산을 느긋한 마음으로 산책하는데 히말라야 설산이 뜬금없이 등장한 느낌이랄까. 로라는 애니메이션 〈겨울왕국〉의 배경 같다며 〈렛 잇 고〉를 흥얼거렸다. 우린 더욱 신나 설산을 향해 걸어나갔다. 저 멀리 설산에서 불어오는 분진 같은 눈이 얼굴에 와 닿았다. 걷고 있는 땅은 분명 여름인데 얼굴 위로는 살며시 겨울이 느껴졌다. 이 몽환적인 느낌을 어떻게 잊을 수 있을까.

피츠로이를 향해 성큼성큼, 트레킹 길 위.

누군가 조약돌로 만든 HOLA!(안녕!) 빙긋!

발아래 굽이굽이 이어진 강줄기.

곧 첫 번째 호수에 도착했다. 투명하고 영롱한 카프리 호수. 많은 여행자들이 이곳에서 사진을 찍고 호수 물을 마시며 휴식을 취하고 있었다. 우리도 낯선 여행자들과 재미있는 포즈를 취하며 사진을 찍었다. 좋은 풍경 앞에선 모두가 들뜬 마음이 되는 모양이었다.

다시 트레킹 코스에 올랐다. 징검다리를 건너기도 하고 야마 무리와 마주치기도 했다. 강물이 굽이굽이 이어지기도 하고, 구부러진 나무들 사이를 걷기도 했다. 아름다운 풍경이 시시각각 나타났다 사라지기를 반복했다. 다음 장면이 궁금해 힘들어도 걸음을 멈출 수 없었다.

산에 오른 지 3시간이 지났을까, 마지막 코스 앞에 섰다. 꼬박 1시간 동안 가파른 돌산을 올라야 하는 고난이도 코스였다. 입구에서 위를 올려다보니 끝도 없이 이어진 길이 까마득했다. 로라와 마음을 가다듬고 오르기 시작. 10여 분이 지났을까, 숨이 턱턱 막혀왔다. 다리는 무감각해지는데 기억은 또렷해졌다. 남미 여행길에 오른 지 2주. 그동안 정신없이 일정을 보내느라 정작 아무 생각 없이 지내왔건만, 피츠로이 앞에서 여러 생각들이 스쳤다.

걸음을 멈추지 않으면 언젠가는 닿는다

여행을 위해 직장을 그만두기 전까지, 매달 잡지를 마감하느라 밤을 새우며 일했던 게 떠올랐다. 그렇게 쓴 글이 마음에 차지 않을 때도 있었지만 다음 달 마감을 위해 지체할 수 없었다. 며칠 동안 잠도 못 잔 채 원고를 썼지만 마음에 꼭 드는 글을 쓸 수 없음에 허탈해하

영롱한 빛의 로스트레스 호수.

곤 했다.

우린 1시간 동안 두 다리를 부지런히 움직여 로스트레스 호수에 닿았다. 끝이 보이는 길을 가는 것, 그러니까 결과가 분명한 길을 가는 건 생각보다 괜찮은 일이란 생각이 들었다. 일에서 벗어나 두 발만 있으면 되는 일에 힘을 쏟고 있는 내가 기특했다.

좁은 길을 오고 가는 사람들이 줄을 잇고 있었다. 나는 헉헉대며 숨을 몰아쉬고 있었지만 표정은 그 어느 때보다 온화했다. 내려오는 사람들에게 매번 인사를 나눌 만큼 마음에 여유가 들어차 있었다. 나를 향해 팔을 벌리고 있을 것만 같은 피츠로이를 만나기 위해 멈출 수 없었다. 실망시키지 않을 존재를 향한 믿음으로 한 발 한 발 내딛었다.

1시간 만에 도착한 그곳은 마치 상으로 받은 트로피처럼 거대했다. 신이 내려준 선물처럼 고귀하고 황홀한 풍경. 영롱한 호수와 그 뒤로 보이는 장엄한 피츠로이는 내게 남미에 오게 한 첫 번째 이유가 되어 주었다. 그렇게 한참을 말을 잃은 채 하염없이 풍경을 바라봤다. 정작 중요한 건 결과가 아니었단 생각. 그동안 무수한 밤을 지새웠던 고단한 노동도 언젠가 내 마음을 채우는, 스스로도 만족스러운 글 한 편을 위한 노력이었다는 걸 피츠로이의 드넓은 자연을 보며 깨달았다.

산을 내려오는 동안 땀방울이 바람결에 흩어졌다. 물통에 담았던 맑은 호수 물과 바람 속에 스쳐 지나간 풍경이 오래도록 남을 것 같았다.

1년 내내 설산인 뾰족한 매력의 피츠로이 봉.

카프리 호수에서의 여유.

피츠로이의 아름다운 광경.

저녁 무렵의 마을은 여전히 평화로웠다. 사람들의 미소가 더 자세히 보였고 무심히 지나가는 강아지들의 보드라운 털까지 새로웠다. 호스텔로 들어가는 길, 무거운 다리를 이끌고 마켓에서 샴페인 한 병을 샀다. 고단한 하루를 위한 선물. 알딸딸한 기분에 다리에 파스를 붙이고 침대에 누웠다.

모든 일은 어쩌면 이렇게 지나고 나면 간단한 건지도 모르겠다. 그리고 잘했든 못했든 그 결과는 내가 감수해야 하는 것. 결과를 받아들이면 쉽게 행복해질 수 있다고, 그리고 진짜 결과는 잊힐 때쯤에 나타나는 마법 같은 것이라고, 그러니 포기하지 말라고. 피츠로이는 그렇게 내게 말하고 싶은 건지도 모르겠다.

세女행자들님이 새로운 사진 10장을 추가했습니다.
게시자: 박산하 [?] 2015년 3월 15일

[남미여행 8일차]_El Chalten
피츠로이 트래킹. 아기자기한 마을, 엘찰텐에 온 이유다. 든든하게 아침을 챙겨먹고 작은 빵집에서 점심거리도 샀다. 신이 난 로라는 성큼성큼 산을 오르기 시작. 여행을 위해 헬스장을 열심히 다닌 로라의 체력은 확실히 좋아졌다. 이야기하며 숲길을 걷고 있는데 갑자기 놀라운 광경이 펼쳐졌다. 이를테면 동네 산을 오르는데 겨울왕국에 나올 법한 설산이 나무 사이 우뚝 솟아 있는 듯한. 우린 동시에 소리를 질렀다. 걸을수록 어마어마한 자연이 우릴 스쳤다. 열은 달과 저 멀리 분진처럼 흩날리는 눈, 손에 스치는 초록 잎, 세상에 없는 계절. 마지막 1시간 가파른 코스는 너무 힘겨웠다. 근데 이상하게도 내내 미소가 흘렀다. 행복하다고 몇 번이나 말할 만큼. 남미에 온 첫 번째 이유를 찾았다 내려가는 길 역시 길고 험난했다. 8시간 동안 걸은 걸은 다리는 마비가 되었고, 숙소에 돌아오자 마자 로라는 고기를 구웠고 삼페인을 땄다. 아직도 우리에게 일어나는 일이 비현실같은데, 내일 또 새로운 여정이 기다리고 있다 :) 헛-

엘 칼라파테
거인들이 사는 나라, 파타고니아

from 레나

모든 것이 태어나 처음인 것들

파타고니아(Patagonia)란 라틴아메리카의 남쪽, 그러니까 남극에 가장 가까운 지역을 두루 이르는 이름이다. 거인을 의미하는 '파타곤(Patagon)'에서 유래됐다는데 당시 처음 이 지역을 정복했던 스페인 사람들에게 이곳 원주민이 어지간히 커 보였나 보다.

어디 사람뿐일까. 하늘을 찌를 듯 높다란 나무들, 온난한 기후에도 어마어마한 크기로 압도하는 빙하들, 거대한 산과 호수……. 파타고니아에 도착한 우리는 거인국에 도착한 걸리버라도 된 기분이었다.

비행기가 엘 칼라파테 공항에 들어설 때부터 이미 내 심장은 두방망이질 치고 있었다. 평소에도 늘 창가 자리를 좋아하는 편이었지만

거대한 빙하를 볼 수 있는 모레노 빙하 국립공원 전망대.

이번만큼 창 바로 옆에 앉았다는 사실에 감사한 적은 없었다. 옆에 앉은 외국인이 쉴 새 없이 창문을 힐끔거리는 바람에, 잠시 사진을 찍으라고 비켜주기도 했다. 외계행성에 도착한 우주인이 이런 심정이 아닐까. 하늘빛이 어쩜 저런가. 이제껏 저런 빛깔, 저런 모양의 호수를 본 적이 있었나. 인간의 것이라곤 하나도 볼 수 없는 자연 그대로의 땅이 끝도 없이 펼쳐져 있고, 그 위에 난 풀 한 포기, 돌멩이 하나까지도 나는 태어나서 처음 보는 것들이었다.

공항에 내려 숨을 크게 들이마셨다. 이곳 공기에는 내가 살던 곳과는 뭔가 다른 성분이 섞여 있는 게 아닐까. 공기에도 맛이 있다면, 엘 칼라파테의 공기에는 안데스 산맥의 초록 이끼와 모레노 빙하의 오래된 눈이 혼합되어 있는 듯했다. 그러니까 나는 비행기에서 내린 순간부터 출처를 알 수 없는 흥분에 사로잡혔던 셈이다. "숨만 쉬어도 좋구나" 하면서.

엘 칼라파테는 페리토 모레노 빙하 국립공원으로 유명한 곳이다. 흔히 빙하는 북극이나 남극 같은 추운 극지방에만 있다고 알고 있는데, 파타고니아의 빙하는 남극과 그린란드에 이어 세 번째로 양이 많을 정도로 거대한 온난 빙하라고 한다. 저 멀리 안데스 산맥에서 쉴 새 없이 내리는 비와 눈이 축적되어 만들어지는데, 재미있는 점은 매우 빠르게 순환한다는 것이다. 1년에 100미터에서 200미터 정도의 속도로 움직인다고 하니 그 빠르기가 실감이 났다. 1년 내내 내리는 눈과 빠르게 순환하는 빙하. 태어나서 얼음이라곤 겨울에 살얼음 낀 한강 정도가 제일 큰 스케일이었던 한국인으로서 어찌 호기심이 생기지 않을 수 있을까.

이곳에서 나는 '빅아이스 트레킹'이라는 투어에 참가하기로 했다. 빅아이스 트레킹이란 말 그대로 어마어마한 빙하 위를 트레킹하는 투어였다. 모레노 빙하를 가장 가까이에서 제대로 만날 수 있는 기회이기에 칼라파테에 온 사람들은 반드시 이 투어를 한다고 해도 과언이 아니었다. 체력적으로 좀 힘든 사람은 1시간 남짓 걸리는 미니 트레킹을 하기도 한다.

아침 7시에 시작된 투어는 꽤 빡빡한 일정으로 진행됐다. 40인승 버스 한가득 사람을 싣고 1시간여를 달려 모레노 빙하 국립공원에 도착. 입장료를 내고 들어가니 빙하를 감상할 수 있는 산책로가 넓게 펼쳐져 있었다. 3월이라 10도 내외의 온난한 날씨였음에도 빙하 가까이에 있어서인지 으슬으슬 춥고, 게다가 비까지 흩뿌리기 시작했다. 나무 데크로 만들어진 산책로는 규모가 꽤 방대했다. 천천히 산책하듯 걸어가니 어디선가 쿠구궁! 묵직한 파열음이 들렸다. 거대한 빙하 한 조각이 녹아 떨어지는 소리였다.

그렇게 처음 만난 모레노 빙하의 풍경은 가히 압도적이었다. 멀리서 볼 때는 몰랐는데 가까이 갈수록 빙하의 크기가 거대하다는 걸 알 수 있었다. 바다 위에 올라와 있는 높이만 해도 100미터 정도였으니

모레노 빙하 국립공원 전망대에서 바라본 풍경.

한 말을 잃었던 모레노 빙하 앞.

400년 전 만들어진 빙하가 굉음을 내며 무너진다.

수면 아래에 숨은 깊이는 어느 정도일까 가늠도 되지 않았다. 면적도 어마어마했다. 저 멀리 보이는 설산 사이사이에도 빙하가 끼어 있었다. 설명을 들으니 빙하는 아르헨티나 국경을 넘어 칠레까지 이어져 있는데, 그 높이가 무려 500미터에 달한다고.

미라도르(전망대)에서 모레노 빙하를 바라보며 보온병에 싸온 따뜻한 커피를 한 잔 들이켰다. 싸늘해진 몸에 온기가 돌고 떨어진 당이 순식간에 충족되는 듯했다. 지구 반대편에서도 한국산 믹스 커피의 달달함은 짙은 위로가 되어주었다.

실컷 보고, 사진도 박고 돌아서서 나오려는데 뭔가 심상찮은 소리가 들렸다. "우오오!" 탄성이 절로 나왔다. 집채만 한 빙하 조각이 떨어져 나가는 소리였다. 천둥소리 같기도, 총소리 같기도 한 굉음을 내며 빙하가 부서지자 마치 폭포수처럼 물이 콸콸 쏟아져내리는데, 과연 장관이었다. 자리를 뜨기 전에 볼 수 있어서 다행이었고, 사진이나 영상으로 남기지 못해 안타까웠다.

너는 몇 백 년 전에 내린 눈일까

다시 버스를 타고 트레킹할 장소로 이동했다. 선착장에서 배로 갈아타고 한 10분쯤 이동했을까. 배에서 내리자 아웃도어 광고에 나올 법한 멋진 가이드들이 여행자들을 맞았다. 열 명 단위로 팀을 나눠 두 명의 가이드가 앞뒤로 인솔했다.

그렇게 트레킹은 시작되었다. 처음엔 빙하를 옆에 끼고 그저 산을

타는 것이었다. 그게 1시간여나 될 줄이야. "대체 빙하는 언제 나오
는 거야?" 불만이 터질 즈음, 기다렸다는 듯이 빙하가 나타났다. 본
격적으로 빙하에 들어가기 전 아이젠과 안전띠를 착용해야 했는데,
가이드들이 한 명 한 명 꼼꼼하게 신겨주고 채워주었다. 무거운 아이
젠을 신고 얼음 위를 걷는 게 처음엔 쉽지 않았지만 나중엔 자연스러
워졌다. 그렇다고 방심하면 걸려 넘어지기 일쑤라 조심해야 했다. 경

매혹적인 블루를 만끽할 수 있는 빙하 트레킹.

아이젠을 신고 걸어야 하는 고난도의 빙하 트레킹.

투어를 통해 여러 여행자들과 함께해야 하는 트레킹.

낯선 지구를 만날 수 있었던 빙하.

사가 급해 조심스러운 구간도, 들여다보는 것만으로도 아찔한 푸른 구멍도 가이드들의 도움으로 무사히 건너갈 수 있었다. 처음엔 조금 지저분하고 퍼석퍼석한 얼음이더니 나중엔 정말 새하얗고 아름다운 파노라마가 펼쳐졌다.

빙하는 절대 바닷물이 얼어서 만들어진 게 아니라고 했다. 서쪽에 있는 안데스 산맥에서는 1년 중 360일간, 그러니까 거의 매일 비나 눈이 오는데 그 눈이 쌓이고 쌓여 축적되면 그것이 빙하가 되어 바다로 밀려 나오는 것이라고. 그러니까 자연이 부린 요술 덕분에 오랜 세월 그렇게 눈이 오고 빙하로 축적되고 커지고 커져 바다에 흘러나와 조금 전 공원에서 보았듯이 장엄하게 무너져내린 것이다. 그렇게 최후를 맞기까지 무려 300년에서 400년이 걸린다고 했다. 그 말인즉 아까 내가 본 빙하는 무려 400여 년 전에 내린 눈이었던 셈이다. 그렇게 생각하니 그 장대한 시간에 묵념이라도 드리고픈 심정이 되었다. 자연의 요술과 축적된 시간의 위대함이라니. 그리고 그 결정체인 모레노 빙하 위에 내가 서 있다니. 어찌 벅차지 않을 수가 있겠는가.

그렇게 2시간을 걸어 가이드가 안내해주는 대로 멋진 뷰를 감상하고 돌아가는데 아이젠을 신은 발이 너무 아팠다. 발목은 계속 꺾여서 시큰거렸다. 요령이 없는 탓이리라. 막판에는 살얼음을 실수로 밟는 바람에 왼쪽 발이 그대로 얼음물에 풍덩 빠지고 말았다. 결국 젖은 발로 트레킹을 해야 하는 대참사가 일어난 것. 그 와중에 비까지 내

깊이를 가늠할 수 없는 빙하의 속살.

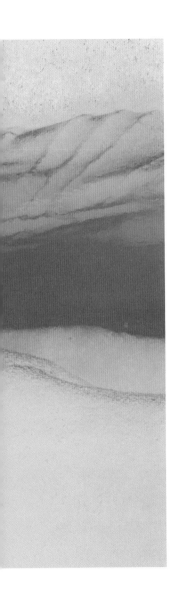

려 온몸이 다 젖어 오들오들 떨어야 했으니,
결코 쉬운 트레킹 코스는 아니었다.

돌아가는 배 안, 모레노 빙하에서 채취했
다는 얼음 한 조각을 넣은 위스키를 마셨다.
컵 속의 얼음이 작은 빙하 같았다. 너는 몇
백 년 전에 내린 눈일까. 저 멀리 안데스 산
맥에서 지금도 새하얗게 내리고 쌓일 눈보
라를 상상하며 독한 위스키를 한 모금 삼켰
다. 처음 만난 새로운 세상, 파타고니아를
향해 드는 축배였다.

바릴로체
셋이기에 가능했던……

from 로라

세 女행자, 바릴로체에서 상봉하다

"아악! 답답해! 가도 가도 끝이 없네. 이제 정말 한계가 온 것 같아."

"응, 정말 당장이라도 창문으로 뛰쳐나가고 싶다."

24시간, 꼬박 하루 동안 우리는 버스에 갇혀 있었다. 그럼에도 아직 4시간이 더 남은 상황. 아르헨티나 엘 칼라파테에서 휴양도시 바릴로체로 가는 길. 장장 28시간에 달하는 긴 여정에 우리는 심신이 지칠 대로 지쳐 있었다. 자고, 먹고, 책 읽고, 음악 듣고, 공상의 시간을 반복하며 꼼짝달싹 못하고 버스 안에서만 보내야 했다. 남미는 워낙 땅덩이가 커 도시를 옮겨 다닐 때마다 꼬박 10시간 이상 버스로 이동해야 했는데, 이번 여정은 무려 28시간이나 걸려 남미에서도 마의 구간으로 불린다.

"그래도 조금만 있으면 레나 선배를 만날 수 있어! 조금만 참자. 막상 만나면 눈물 날 것 같아, 우리가 정말 남미에서 만나다니!"

파라과이에 사는 남동생을 만나기 위해 보름 먼저 떠난 레나 선배와 상봉하기로 한 역사적인 날이었다. 레나 선배의 가족 여행은 어땠

여유가 흘러넘치는 바릴로체 시내.

예쁜 도시, 바릴로체에서 세 女행자들 합체!

을까, 여행하면서 힘든 일은 없었을까? 수시로 문자를 주고받으며 서로의 안부를 확인하긴 했지만, 얼른 만나 손을 맞잡고 수다를 떨고 싶었다. 이런저런 생각으로 나머지 4시간이 금세 흘러갔다.

버스가 바릴로체 터미널에 도착했고, 우리는 희열의 기지개를 켰다. "두두둑!" 좁은 자리에 웅크리고 하루를 넘게 앉아 있었더니 일어나자 온몸에서 소리가 났다. 레나 선배를 볼 생각에 신이 나 얼른 택시를 잡아타고 숙소로 찾아갔다. 선배네 가족이 묵고 있는 숙소는 강 바로 앞에 보이는 아파트였다. 설레는 마음으로 문 앞에 다가섰는데, 갑자기 머릿속이 새하얘졌다.

"레나 선배가 몇 호에 묵고 있다고 했지?"

"응……?"

빽빽한 숫자로 무장한 은빛 기계가 우리 앞을 가로막고 있었다. 몇 호인지를 알아야 초인종을 누를 수 있는데 생각해보니, 정확한 주소를 주고받지 않았던 거다. 휴대폰 로밍도 안 됐고, 와이파이를 찾을 수도 없어서 연락을 취할 방법이 묘연했다. 날은 저물어가고, 인적이 드문 거리는 조금 무서워 보이기까지 했다. 아파트 주민이 출입문을 여는 사이 우리는 일단 무작정 안으로 들어갔다.

"페르미소……."

1층 주민으로 보이는 훤칠한 청년에게 우리는 어설픈 스페인어로 도움을 청했다. 말은 통하지 않았지만 우리의 간절함은 충분히 전해진 듯했다. 흔쾌히 집 안으로 우릴 안내하더니 와이파이를 사용할 수 있게 해준 것이다.

"5층이래, 5층!"

버스에 갇혀 인터넷을 사용할 수 없었던 1박 2일 동안 많은 메시지

바릴로체 아침 산책길에 만난 공원. 사진 찍느라 신이 났다.

가 도착해 있었다. 레나 선배의 메시지를 확인하고 두근거리는 마음
으로 5층 초인종을 눌렀다.

"왔어? 거기 있어. 내가 내려갈게!"

"으앙~ 오늘 못 보는 줄 알았어!"

엘리베이터 문이 열리고, 감격의 상봉! 어렵게 만난 우리 셋은 서
로를 껴안고 빙글빙글 돌았다. 지구 반 바퀴를 돌아 이곳 남미에서
드디어 셋이 만난 것이다. 이제 완전체가 된 세 여행자의 진짜 여행
이 시작됐다.

바릴로체의 푸른 물빛을 품은 반짝임

"선배, 가족들과의 여행은 어땠어요? 파라과이는 어때? 우리 안
보고 싶었어?"

"하나씩 물어봐! 오랜만에 보니까 아주 신났네."

레나 선배네 가족에게 따뜻한 밥 한 그릇을 대접받고 나니, 그제야
정신이 또렷해져 하고 싶었던 말이 봇물처럼 터져나왔다. 우리는 나
란히 얼굴을 맞대고 그간 묵혀왔던 이야기를 풀어냈다. 신기하게도
한국 여행자가 정말 많다는 것, 피츠로이 트레킹에서 본 설산이 너무
아름다웠다는 것, 탱고를 추고 내가 몸치인 걸 새삼 느꼈던 에피소드
등 우리는 놀이공원에서 즐거운 하루를 보내고 엄마에게 재잘재잘
떠드는 아이마냥 끝도 없이 떠들었다.

한참 수다를 떨다가 그래도 오늘이 세 여행자 상봉 첫날인데, 가만

1004호스텔에서 내려다본 나우엘 우아피 호수 전경.

있을 수 없어 무작정 밤거리를 나섰다. 밤에는 위험하다는 남미였지
만 셋이라면 이곳도 무섭지 않을 것 같았다. 휴양도시 바릴로체의 밤
거리는 한산했고, 바람도 제법 쌀쌀했다. 레나 선배를 가운데 두고
우리는 팔짱을 꼭 낀 채 거리를 걸었다. 마치 한 몸인 양 이제는 완전
체가 된 로봇처럼 기세등등했고, 아늑한 불빛에 비친 우리 그림자마
저도 신나 보였다.

　다음 날 바릴로체에서 유명하다는 1004호스텔로 짐을 옮겼다. 바
릴로체의 시내 광장과 나우엘 우아피 호수를 한눈에 내려다볼 수 있
어 여행객에게 인기 있는 숙소였다. 몇 주 전부터 이곳에 묵고 싶어

바릴로체 빅토리아 섬의 아름다운 풍경.

발을 동동대며 미리 예약까지 해둔 참이었다. 호스텔은 듣던 대로 멋진 풍경을 품었고 깨끗하고 친절했다.

만족스러운 숙소에 짐을 풀고 캄파나리오 언덕(Cerro Campanario)으로 향했다. 바릴로체를 둘러싼 나우엘 우아피 호수를 비롯해 크고 작은 호수를 조망할 수 있는 곳이었다. 레나 선배는 가족과 함께 예약한 버스 투어 일정이 있어 따로 움직였고, 사나 선배와 나는 30여 분간 버스를 타고 캄파나리오 언덕에 도착했다. 리프트를 타고 올라가니 머리카락이 허공에 휘날릴 만큼 센 바람이 느껴졌다. 가벼운 사나 선배의 몸이 수시로 휘청거리는 바람에 나의 우직한 팔로 선배의 어깨를 감싸주어야 했다.

"우와~ 멋지다! 이거 완전 엽서 속 풍경인데?"

수백 개의 다이아몬드가 강가에 뿌려진 듯 반짝거리는 물빛 무리들이 눈앞에 펼쳐졌다. 눈이 시릴 정도로 눈부셨지만 오롯이 그 은하수 같은 반짝임을 만끽했다.

"이런 풍경은 꼭 사진으로 남겨야 해!"

열심히 여러 각도로 풍경을 담으려 했지만 우리가 본 아름다움을 완벽히 기록해주진 못했다. "이래서 직접 와서 봐야 해!" 하며 두 발로 남미 땅 위에 꼿꼿이 서 있는 지금의 내가 만족스러웠다. 한참 사진을 찍고 놀고 있는데 누군가 슬쩍 어깨동무를 해왔다.

"아, 깜짝이야!"

돌아보니 레나 선배였다.

"버스 투어 일정에 캄파나리오 언덕이 있더라고. 여기 있을 것 같아서 가족들은 밑에 두고 혼자 올라왔지!"

"꺅! 신난다. 우리 셋이 사진 찍자!"

또 10년 만에 만난 친구들처럼 얼싸안고 좋다며 기념사진까지 남겼다. 우리 셋의 여행은 분명 저 강가의 물빛만큼 반짝일 거야!

산마르틴데로스안데스
행복은 멀리 있는 거였어!

from 레나

지구 반대편에서 발견한 행복

여자 셋이 하는 여행에는 어떤 특별함이 있는 걸까. 가족들과의 2주 여행을 마치고 사나, 로라가 있는 1004호스텔로 짐을 옮겼다. 보조 매트리스를 깐 작은 더블룸에서 우리는 복작복작하게 떠들고 뒹굴 며 한껏 들떴다.

"선배, 진짜 신기하지 않아요? 합정동에서 맨날 술이나 마시면서 신세한탄 하던 우리가 진짜로 남미에 같이 왔다는 게."

진짜 여행이 막 시작된 참이었다. 사나와 로라는 물론, 나조차도 왠지 모를 흥분에 괜히 노래를 흥얼거리고 정체를 알 수 없는 행복에 몸을 맡겼다. 눈에 띄는 가게에 들어가 먹고 싶은 것을 먹고, 다리가

여행자가 적어 더욱 고요했던 산마르틴의 밤.

아파올 때까지 커다란 호숫가를 넋 놓고 걸었다. 파란 잔디밭이 펼쳐
지자 누가 먼저랄 것도 없이 뒹굴며 사진을 찍어댔다. 뭔가 기억에
남는 사진을 찍어야 한다는 로라의 제안에 우리는 각자 시그니처 포
즈까지 정했다. 로라는 두 다리 높이 들고 점프, 사나는 멀리 폴짝 뛰
어가는 모습, 나는 요가의 나무 자세를 취했다. 사람 많은 광장이나
가게 앞에서 찍을 때는 좀 창피했지만, 뭐 어때? 두 번 볼 사람들도
아닌데.

　요리에 재미를 붙인 로라는 게스트하우스 주방에 있는 오븐을 이용
해 그럴듯한 치킨구이를 뚝딱 만들어냈다. 바릴로체 마을 전경이 내
려다보이는 호스텔 카페에서 우리는 커피를 마시며 카드놀이를 하고,
와인을 곁들이며 치킨을 흡입했다. 한국인이라고는 우리밖에 없어 주
위에서 들려오는 낯선 외국어들은 모두 낭만적인 음악 같았다.
　어느덧 해가 지고, 빗방울이 창문에 와 부딪치며 오묘한 무늬를 만

들어냈다. 창을 통해 보이는 호숫가 풍경은 외국 영화의 배경 같았
다. 셋이 소파에 몸을 푹 기대고 앉아 수많은 이야기를 나누었다. 이
제까지의 여행 이야기, 앞으로 계속될 여정에 대한 계획, 우리가 두
고 온 한국에 남은 사연들……. 수없이 오가는 대화 가운데서 잠시
침묵이 흘렀다. 그 순간, 우리 셋을 사로잡은 생각은 한 가지였으리
라. 아, 행복하다.

　침묵을 깨는 로라의 한마디에 우리는 한참 웃었다.

　"우씨, 행복은 졸라 멀리 있는 거였어!"

 세女행자들님이 새로운 사진 6장을 추가했습니다
2015년 3월 20일

[남미여행 14일차]_#Bariloche
여자 셋이 하는 여행에는 어떤 특별함이 있는 걸까 아무 것도 하지 않고 보낸
하루임에도 우리는 소녀처럼 틈틈 웃고 소리지르고 행복해했다 느긋한 리듬
으로 호숫가를 산책하고, 잔디밭에서 뒹굴고 마을이 내려다보이는 호스텔 카
페에서 맥주와 커피를 마시며 카드게임을 했다 양쉐프의 치키오븐구이는 멋
진 저녁을 완성시켰다 어느덧 창밖 호숫가마을에는 어둠이 깔리고 빗방울이
창을 두드렸다.
와인은 달콤했고, 주위의 낯선 언어는 음악같았다. 이것이 행복이구나... 사나,
로라도 한마음인듯 했다. 특히 지구반대편에서 우리가 함께라는 것이...
그때 로라가 말했다.
"우씨, 행복은 졸라 멀리 있는 거였어"

그랬다. 누가 행복은 가까이에 있다고 했던가? 한국에서 "나는 참 행복해"라고 말할 수 있었던 사람이 누가 있었나. 마음대로 되지 않는 연애에 불행했고, 흘러가는 청춘을 바라보며 불안했고, 자꾸만 맞닥뜨리게 되는 나의 한계에 노심초사했다. 남들이 내게 거는 기대를 충족시키기는커녕 남들한테 뒤처지지 않는 삶을 사는 것만으로도 버거웠다. 열심히 일을 하고, 돈을 모으고, 주변인들을 챙기고, 다이어트를 하고, 최신 트렌드를 좇는다고 하여 행복이 오는 것은 아니라는 걸, 우리는 왜 이렇게 멀리 와서야 깨닫게 되는 걸까.

지구 반대편, 남반구에 두 발을 딛고 선 여자 셋은 더 이상 불안하지도 불행하지도 않았다. 맛있는 것을 먹으면 기분이 좋아졌고, 아름다운 것을 보면 감탄했다. 우리에게는 튼튼한 두 다리가 있었고, 필요한 건 모두 다 들어 있는 가방 하나를 등에 메고 있었다. 그래, 그거면 충분했다.

우리가 원하는 곳이라면 어디든 갈 수 있고, 어떤 일이 우리 앞에 일어나든 마음을 열고 맞이할 준비가 되어 있었다. 함께 지도를 보며 다음 도시를 찾았고, 칠레 푸콘으로 넘어가기 전 '산마르틴'이라는 작은 소도시에 하룻밤 묵어보기로 결정했다.

조금은 충동적으로 정한 여행지라 숙소조차도 하나 알아보지 않았다. 버스터미널에 내리니 당장 어디로 가야 할지 막막했다. 어떤 일이

산마르틴에선 일상 속 여행을 즐겼다.

일어나도 좋으니 될 대로 되라는 심정이었지만, 그래도 내가 언니니까 조금 책임감이 생겼다.

"짐 가지고 다니기 힘드니까 나 혼자 알아보고 올게. 어디 가지 말고 여기 있어."

여행 경험이 별로 없는 두 사람은 따로 떨어지는 걸 무서워해서 항상 둘이 붙어놔야 했다. 내 당부에 두 사람은 울상을 지으며 갑자기 이적의 〈거짓말 거짓말 거짓말〉을 부르기 시작했다. "다시 돌아올 거라고 했잖아~ 잠깐이면 될 거라고 했잖아~ 여기 서 있으라 말했었잖아~ 거짓말 거짓말 거짓말~"

"선배, 꼭 돌아와야 돼! 알았지?"

아, 이것들이 진짜. 고개를 절레절레 저으며 돌아섰지만 슬며시 웃음이 났다. 칠레로 넘어가기 전 경유지로 잠깐 들른 터라 사전 정보도, 무엇을 해야겠다는 목적의식도 없었다.

하지만 산마르틴은 걷기만 해도 기분이 좋아지는 밝고 환한 도시였다. 우리나라에서는 남미 하면 열악하고 위험하다는 인식이 팽배하지만 적어도 아르헨티나는 아니었다. 유럽 못지않게 여행 인프라도 잘되어 있었고, 사람들도 여유롭고 따뜻했다. 낯선 도시에 떨어져도 무조건 가장 큰 광장만 찾아가면 여행자들을 위한 무료센터를 만날 수 있어서 숙소나 추천 식당을 찾는 데 아무런 어려움이 없다. 휴대폰 앱에 깔린 오프라인 지도를 보고 나는 무작정 산마르틴 광장 바로 옆에 있는 여행자센터를 찾아갔고, 친절한 직원은 우리의 예산에 맞는 추천 숙소를 지도에 직접 체크해주었다.

우리가 몰랐던 세상

산마르틴. 정식 명칭은 산마르틴데로스안데스(San Martin de los Andes). '호세 데 산마르틴'은 남미 독립을 주도했던 아르헨티나의 유명한 장군 이름인데 남미 여행을 다녀보면 알겠지만, '산마르틴'이란 명칭은 너무 흔해서 나라마다 그의 이름을 딴 도시 이름이나 거리, 광장을 수시로 만나게 된다. 그 가운데 '안데스의 산마르틴'이라는 의미

산마르틴에서 우린 여유로운 여행자가 되었다. 유럽에 온 듯 이국적인 따스함이 느껴졌다.

의 이 도시는 아르헨티나 파타고니아의 시작점을 알려주는 중요한 지점이기도 하다. 산세도 아름답고, 근사한 호수도 많아서 현지 관광객들이 많이 찾아오는 곳이다. 우리가 방문했을 때도 노스페이스에서 개최하는 자전거 경주대회가 산마르틴에서 열리고 있어서 남미 여러 나라의 청년들을 많이 만날 수 있었다.

산책하기 좋은 아름다운 공원, 평화롭고 예쁜 주택가, 아무리 구경해도 질리지 않던 아기자기하고 신기한 상점들, 곳곳에 펼쳐진 흥미진진한 벼룩시장 등등 우리는 느긋하게, 그러나 오랫동안 산책하며 새로운 도시 풍경을 즐겼다. 연신 감탄하며 동네를 감상하다가 예쁜 아이스크림 가게를 발견하고 달콤한 오후를 만끽했다.

"왜 이렇게 아름다운 곳이 알려지지 않았을까?"

저녁때는 파타고니아에서의 마지막 날을 기념하며 그 유명한 '파타고니아 맥주'를 깠다. 와인보다 비싼 가격에 좀 망설였지만, 맹세컨대 이건 세계 최고의 맥주!

남미에서 가장 많이 먹었던 디저트, 아이스크림.　　　　　　　　　예쁜 색으로 물든 마을 곳곳.

세상에 우리가 모르는 아름다움은 얼마나 많은 걸까. 우리가 아직 맛보지 못한 맛있는 술은 또 얼마나 많을까! 이제 겨우 세상에 나와 걸음마를 하며 다리에 힘이 붙기 시작한 아이처럼 우리의 호기심과 기대는 점점 더 커져가고 있었다.

여유가 있는 사람에게서 느껴지는 다정함.

멘도사
좋은 사람이 되고 싶어~

from 레나

사람, 겉모습만으로 판단하지 말 것!

아무리 그래도 이건 아니었다. 좁은 세미카마 버스에서 두 자리를 차지하고 코를 골던 사내는 두 좌석을 있는 대로 뒤로 젖혀놓았다. 그 뒤는 사나와 로라 자리였다. 불쾌한 기색이 역력했으나 아무 말도 하지 못했다. 일단 스페인어로 항의할 자신이 없었던 데다 사내의 행색이 꽤나 마초적이었던 까닭이다. 곰만 한 덩치에 며칠째 면도를 걸렀는지 덥수룩한 수염, 단발에 가깝게 기른 머리는 잔뜩 헝클어져 있었다. 눈빛은 게슴츠레했고, 때때로 2리터짜리 주스를 막걸리 마시듯 들이켰다.

결국 불편함을 참지 못하고, 항의도 하지 못한 두 사람은 빈 앞좌석으로 슬그머니 자리를 옮겼다. 사내는 여전히 드르렁거리고 있었다.

따스한 아침 햇살 속 거리를 성큼성큼.

가끔은 레스토랑에서 호사스러운 식사를!

숙소 앞, 공원에서 우연히 건진 인생 샷. photo by 로라.

칠레 산티아고를 출발해 국경을 넘어 아르헨티나 멘도사로 향하는 버스였다. 남미의 어떤 길이든 안 그렇겠냐마는 안데스 산맥이 멀리 보이는 창밖 풍경은 그야말로 환상적. 복도 쪽 좌석에 앉아 있던 나는 풍경을 좀 더 가까이 보기 위해 로라가 앉았던 창가 자리로 옮겼다. 감탄사를 연발하며 셔터를 누르고 있는데 역시나 한껏 젖혀진 앞 좌석이 방해가 되었다. 다행히 잠을 깬 사내가 멍하니 밖을 응시하고 있길래 톡톡 두드리며 말을 걸었다.

"페르미소……"

소심하고 어색한 나의 스페인어에 사내의 반응은 조금 놀라웠다. 의자를 가리키며 당겨달라고 손짓하자 "Si" 하고 대답하더니 신속하게 두 의자 모두 앞으로 최대한 당겨주었다. 고맙다는 인사에 부드러운 미소로 화답하기까지 했다.

순간 놀라운 마법이 일어났다. 큰 덩치에 지저분하고 무매너였던 마초 사나이가 순식간에 똑똑하고, 배려심 있고, 이지적이기까지 한 신사로 변모한 것이다. 사내는 영어가 수준급이었다. 어리바리한 여행자를 관대하고 흐뭇한 눈빛으로 관찰하며 어디서 왔는지, 칠레 여행은 어땠는지 등을 물어오기도 했다. 풍경에 감탄하며 사진을 찍자 이런저런 설명도 해주었다. 칠레 비냐델마르에 산다는 그는 사업차 아르헨티나에 가는 길이라고 했다. 국경을 넘는 수속을 밟기 위해 잠깐 밖에서 대기할 때는, 얇은 옷을 입고 추워하는 나에게 점퍼를 벗어주는 젠틀함까지 보여주었다. 사나와 로라는 "저 아저씨 선배한테

만 친절한 거 봐" 하며 놀렸다.

예전에도 비슷한 경험을 한 적이 있다. 스무 살 무렵 인도 여행을 하던 때였다. 어김없이 연착되는 버스를 기다리던 나와 일행들에게 거지 꼬맹이들이 엉겨붙기 시작했다. 이미 배낭여행 한 달차였던 우리는 적선을 하기 시작하면 그 수가 한도 끝도 없이 늘어난다는 것을 알고 있었다. 한자리에서 버스를 기다려야 했기에 애써 모른 척 꼬맹이들의 "박시시"(적선 기부) 소리를 무시해야만 했다.

그러다 문득 무슨 생각이었는지, 갖고 있던 바나나를 까서 갓난아기를 안은 한 소녀에게 건네주었다. 그리고 얼결에 받아드는 아이에게 힌디어로 이름을 물었다. 나이를 물었고, 부모는 어디에 있는지 물었다. 힌디어가 유창했던 것은 아니었다. 작은 쪽지에 적어간 힌디어 기본회화를 더듬더듬 읽었을 뿐이었다.

그런데 그 순간 놀라운 마법이 일어났다. 좀 전까지만 해도 되바라진 표정으로 구걸하던 거지 아이들이 커다랗고 순진무구한 눈동자를 빛내는 그냥 어린아이들로 보이기 시작한 것이다. 그러니까 우리가 힌디어로 말을 건 순간 보이지 않던 벽이 무너지고 세계가 바뀌었던 셈이다. 아이들은 우리의 질문을 더러는 알아듣고, 때론 못 알아듣기도 했다. 아이들은 각자의 이름을 말해주었고, 부모님은 집에 계시다고 했다. 지나가던 사람들이 곁에 서서 훈수를 두었다. 못 알아듣는 힌디어를 영어로 통역해주는 사람도 나타났다. 아이들은 구걸을 하지 않았고, 장사치들은 장사를 그만두었다. 물티슈를 꺼내 때가 꼬질꼬

깨끗하고 깔끔. 무엇보다 친절한 호스트가 있었던 숙소.

질한 아이들의 얼굴을 닦아주었다. 아이들은 웃으며 우리에게 장난을
쳤다.

멘도사에 도착할 때까지 내 어깨엔 사람의 따뜻한 온기가 닿아 있
었다. "무챠스 그라시아스."(정말 감사합니다.) 옷을 돌려주며 인사하자 사
내는 찡긋, 사람 좋게 웃었다. 누군가에게 좋은 사람으로 기억된다는
것이 이렇게나 설레는 일이었던가.

우리, 마흔이 되어도 나쁘지 않을 것 같아

와이너리 투어로 유명한 멘도사. 우리가 와인을 좋아하긴 했지만,
제조공정까지 알고 싶을 정도로 호기심이 충만한 것은 아니었다. 솔
직히 고백하면, 일정이 꼬인 탓에 어쩌다 보니 흘러들어온 셈이었다.
몸도 마음도 피곤했다.

친절한 호스트 마리아 & 히메나는 잊을 수 없는 친구들이다.

멘도사에서의 지루했던 4박 5일이 그나마 빛나는 추억으로 간직될
수 있었던 것은 우리 숙소의 호스트인 히메나와 마리아 덕분이었다.
일반 주택의 일부를 개조해 렌트하고 있었는데, 건너편 문만 두드리
면 그녀들이 있었다. 자그마한 키에 귀여운 미소가 인상적인 히메나
와 보이시한 매력이 인상적인 마리아. 히메나는 칠레에서 막 도착해
아르헨티나 페소를 준비 못한 우리를 위해 오토바이를 꺼내 왔다. 다
음 날은 일요일이라 환전소가 문을 열지 않으니 문 닫기 전에 환전을
해야 한다는 것이었다. 건네받은 헬멧을 뒤집어쓰고 그녀 뒤에 올라
탔다. 캄캄한 멘도사 밤거리를 오토바이로 달리는 기분이란. 어설픈
스페인어와 영어를 섞어가며 오토바이 위에서 대화를 나누었다. 어
쩐지 범상치 않은 포스가 느껴지는 그녀의 직업은 포토그래퍼이자
화가. 집 안 곳곳에 걸린 그림들 또한 그녀의 작품. 어쩐지 집 인테리
어부터 소품까지 센스가 남다르다 했다.

와인으로 유명한 멘도사, 와이너리 투어는 필수!

와인 맛 아시나요? 달콤 씁쓸했던 향!

세 女행자, 아르헨티나에서 와인에 빠지다.

포도가 다 떨어지고 난 후의 와이너리지만 온기가 남아 있었다.

하루는 근처 마이푸 마을로 와이너리 투어를 다녀오기로 했다. 히메나에게 그렇게 말했더니, 부탁하지도 않았는데 마이푸 마을로 가는 버스 편, 버스정류장의 위치 등을 구글에서 검색해 알려주었다. 우리가 가고자 하는 와이너리에 직접 전화해 입장료는 얼마인지, 어디서 내리면 되는지까지도(사실 이 정도는 우리나라 블로그에도 나와 있는 정보였지만 모르는 척했다). 근처에 세탁소가 있냐고 물어보면 본인들이 다 세탁하고 말려서 깔끔하게 개어 돌려줬다. 가끔은 술안주나 과자도 보내줬다. 살타로 가는 버스표 예약도 히메나의 오토바이를 타고 터미널에 직접 가서 할 수 있었다.

멘도사에 머무는 며칠 동안 가장 인상적이었던 것은 끝없이 펼쳐진 포도밭의 호젓함도, 싸고 맛있는 남미 와인도 아니었다. 두 사람의 라이프 스타일이었다. 여유롭고 행복해 보였다. 여행을 좋아하는 히메나는 우연히 스페인 마드리드에 여행 갔다가 마리아를 만났고, 마리아는 히메나를 따라 아르헨티나로 왔다고 했다. 그렇게 5년째 그녀들은 가족처럼 살고 있었다. 나이는 우리나라 식으로 마흔.

한국에서는 아무리 벗어나려고 해도 벗어날 수 없는 삶의 순서가 있다. 고등학교를 졸업하면 대학교에 들어가야 하고, 그 후엔 취업에 투신해야 하는 현실. 서른이 되면 결혼을 하고, 아무리 늦어도 마흔이 되기 전에는 출산을 해야 하며, 조금이라도 늦거나 다른 길로 가면 손가락질을 받거나 지나친 관심과 걱정의 대상이 된다. 아무리 나는 아니라고 해도 불쌍하고 열등한 사람이 되고 마는 것이다. 적어도 그 대열 안에 있기만 하면 불안감을 느끼지 않아도 되니 보통 사람들과 다른 삶을 선택하기란 쉬운 일이 아니다.

자세한 이야기는 물어보지 않았지만, 아르헨티나에서도 그녀들의 라이프 스타일이 보편적인 모습은 아닐 것이었다. 그러나 어쨌든 히메나와 마리아는 서로를 신뢰하고 사랑하고 있었고, 그것은 분명 가족의 모습이었다. 둘은 같은 세계관을 공유하고 있었고, 새로운 세계에 마음을 열고 함께 세상을 여행하는 동반자였다.

그녀들을 보니, 마흔이라는 나이가 썩 괜찮게 느껴졌다. 마흔이 되어도 저렇게 건강하고 행복하게 살 수 있다니, 왜 그걸 우리는 지구 반대편에 와서야 알게 되는 걸까.

먹먹한 사막 한가운데서 당신들을 생각했다. 떠나오고 싶었지만 너무 많은 것이 잡아당기고 있어서, 발걸음을 뗄 수 없었던 당신들에게 안부를 묻고 싶었다. 그곳의 당신들은 안녕한지. 지구 반대편에서 당신이 무척 보고 싶었다. 촘촘한 시간에는 잊곤 했지만 단순한 풍경 앞에서는 더욱더.

안부를 묻게 된 건, 페이스북에 댓글을 달면 엽서를 보내준다는 이벤트 덕분이었다. 아무것도 하지 않아도 괜찮은 날이었을 것이다. 아르헨티나의 멘도사에는 가을 냄새가 짙었다. 우리는 낙엽이 떨어지는 카페에 앉아 공상을 했다. 그 틈에 문득 그곳의 안부가 궁금했다. 스무 명가량의 페이스북 친구들이 댓글을 달아줬고 각자가 산 엽서에 틈이 날 때마다 세세하게 안부를 물었다.

우유니 사막이 있는 하얀 풍경이, 낯선 도시의 반짝이는 야경이, 순수한 눈빛의 라마가, 남미의 화려한 그림이 그려져 있는 엽서 위에, 당신들의 반대편에서 우리의 이야기와 당신들의 이야기를 써내려갔다. 그 풍경을 보고 미소 지으며 오지 못한 아쉬움을 조금이나마 달랠 수 있도록.

우리가 쓴 글을 단 하나의 문장으로 줄인다면 간단하다. "지금 당장 떠나세요"였다. 그 마음이 닿길, 꾹꾹 눌러썼다. 엽서를 쓰면서 우리는 어떻게 여기까지 왔을까, 스스로 대견하기도 했다. '용기'라고 부를 수 있는 이런 일을 우리가 했다는 것이 믿기지 않았던 순간도 있었다. 엽서를 받는 당신들과 다시 한국으로 돌아갈 우리가 이런 용기를 가슴속에 하나쯤은 안고 살아가기를 바랐던 것 같다.

그리고 또 하나의 안부를, 몇 년을 함께했고, 그리고 몇 년을 헤어져 있었던 오래된 네게 물었다. 몇 년 전, 함박눈이 너무 많이 내려서 기억하는 겨울이었다. 푹 젖어 너덜거리는 신발을 신고 미술관에 홀로 앉아 있었다. 작품 대신 눈 내리는 창을 보고 있을 때 네가 다가왔다. 우린 어둑해진 채로 서로를 바라봤다. 창밖엔 계속 눈이 쌓이고 있었고 나뭇가지는 꺾일 것 같았다. 그때 난 조금씩 쌓이던 불안과 스스로에 대한 실망감을 네게 굳이 말하지 않았다. 네가 옆에 있을 땐 한없이 커지다 부재에 작아지는 내 모습을 넌 이미 알고 있었을 것이다. 절망과 함께 지내야 하는 날들을, 그래서 내 얼굴이 자주 슬픈 것도. 그렇게 나는 너와의 기억과 남겨졌고, 너는 완전히 사라졌다.

긴 여행을 떠나기 전날, 너와 연락이 닿았다. 내게 미안하다고 말하는, 예의를 갖춘 말투가 나를 움츠러들게 했다. 왜 그렇게 사라졌는지 화를 낼 법도 했는데, 그 순간만큼은 너라서 힘이 빠졌다. 나와 헤어진 후, 좋은 회사로 옮겼고, 그리고 결혼을 했다고 했다.

우유니 사막에서 겨울바람을 맞으며 세계의 끝을 경험할 때도, 숨 쉬기 힘든 케트루피얀 화산을 아무렇지 않게 올라갈 때도 나는 너와 관련된 세상에

묶여 있는 것 같았다. 왜 나만 그 세계에 머물러 있는지 억울해서 걷고 또 걸었다. 이제는 너무 오래되어서 곁에 있는 사람들에겐 말하지 못하는 이 어쭙잖은 마음을 나만 간직하고 있는 것도 분했다.

언젠가 네 책장에서 발견한 김훈 작가의 에세이 속 글귀가 떠올랐다. "모든, 닿을 수 없는 것들과 모든, 건널 수 없는 것들과 모든, 다가오지 않는 것들과 모든, 참혹한 결핍들을 모조리 사랑이라고 부른다. 기어이 사랑이라고 부르는 것이다." 네게 닿을 수 없는 이 안부도 과연 사랑일까.

세 女행자가 뽑은 **남미 베스트 스폿 5**

1위 볼리비아, 우유니 사막

죽기 전에 꼭 한 번 가봐야 할 곳을 꼽는다면 주저없이 우유니 사막을 들 것이다. 하늘과 땅이 닿은 듯한 황홀한 풍경을 간직한 그곳에서는 믿을 수 없는 세상의 끝과 마주할 수 있다. 해발고도 3,650m에 위치한 우유니 사막을 여행할 때는 우기인 12월부터 3월이 적기. 면적만 12,000㎢로 끝에서 끝까지 자동차로 5시간을 꼬박 달려야 한다. 지각 변동으로 솟아올랐던 바다가 빙하기를 거치면서 녹아 타우카 또는 민친이라고 불리는 거대한 소금물 호수가 만들어졌다. 그 호수의 물이 증발하면서 지금과 같은 형태가 된 것. 우유니 사막이 가장 아름다울 때는 아무것도 보이지 않는 광활한 우유니 소금호수가 천천히 붉은빛으로 물들 때이다. 그 풍경을 바라보고 있으면 세상 끝에서 생명이 솟아나는 듯한 감동을 느낄 수 있다.

2위 페루, 마추픽추

우리가 늘 보던 그 풍경 그대로다. 하지만 마추픽추는 직접 봐야 그 분위기에 온전히 취할 수 있다. 잉카문명의 고대 도시. 우뚝 솟은 안데스 산맥에 가려지고, 구름이 떠 있는 높은 곳에 있어 마추픽추 유적지는 오랜 시간 동안 수풀에 묻혀 있었다. 1911년 미국의 역사학자 하이럼 빙엄(Hiram Bingham)에 의해 발견되었는데 왜 만들었는지 아직도 미스터리다. 해발 2,400m에 세워진 마추픽추 유적지는 신전과 궁전, 주택, 농경지 등으로 이뤄져 있다. 안개와 비가 섞여 있는 아침, 그리고 조금씩 안개가 걷히며 드러나는 마추픽추의 모습은 형언하기 어려울 정도로 감동적이다.

3위 에콰도르, 푸에르토키토

에콰도르가 시골 같은 다정한 느낌의 나라가 된 것은 푸에르토 키토에 간 덕분이다. 수도 키토에서 버스로 3시간 반 정도 떨어져 있는 이 작은 도시에서의 농장 체험은 남미 여행에서 가장 따뜻한 시간을 보내게 해주었다. 시골에서 보내는 하룻밤. 카카오 농장 체험은 배가 터질 만큼 다양한 과일을 따 먹고 카카오 초콜릿을 만들면 된다. 집 뒤에 자리한 강에 뛰어들어 시간을 보내면 미지의 세계에 온 것처럼 망망한 느낌이 든다.

4위 칠레, 토레스 델 파이네 국립공원

파타고니아 자연의 위대함을 한마디로 표현하기란 불가능하지만, 제대로 보고 느끼고

싶다면 토레스 델 파이네 국립공원을 빼놓을 수 없다. 칠

레 남부에 위치해 있는 이 공원은 '자연 종합선물

세트'라는 별칭이 붙여질 정도로 아름다운 풍경

을 그대로 간직하고 있다. 가장 유명한 W코스

트레킹은 2박3일에서 3박4일 정도가 소요되는

데, 험해서 힘들긴 해도 감히 '세계 최고의 트레

킹 코스'라 꼽는 데 이견이 없다.

5위 아르헨티나, 부에노스아이레스

처음 비행기에서 내리는 순간부터 당신은 뜨거운 열기에 사로잡히게 될 것이다. 남미

도시 특유의 열정적인 화려함, 서양 문화의 세례를 듬뿍 받

은 세련됨은 기본, 이국적인 탱고의 매력에 흠뻑 빠

져볼 수 있는 이 도시의 사랑스러움을 어찌 표

현할 수 있을까. 조금은 바쁘고, 정신없이 움직

여도 괜찮다. 홀린 듯 이리저리 돌아다니다 보

면 어느새 탱고의 리듬에 맞춰 춤을 추고 있는

자신을 발견하게 될 테니까.

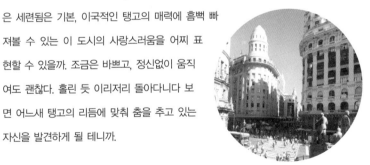

Chapter 2

Chile

꿈같은 여행은 계속되고……; 칠레

여행은 계속되었다.

한 달을 놀았는데 아직도 놀 수 있는 날이 더 많았다.

매일매일이 소풍 같고 생일 같은 날들.

우리가 30년을 넘게 살면서

이렇게 속없이 놀아본 적이 있었나.

아무 고민 없이 나만을 위해 시간을 쓴 적이 있었나.

열심히 살아왔으니.

우리 자신에게 이 정도 상은 줘도 되는 거 아닌가.

아두아나
세상에서 가장 비싼 포도
from 로라

국경, 무사히 넘을 수 있을까

아르헨티나에서 칠레로 넘어가는 날. 우리는 새벽 6시 차를 타고 국경을 넘어야 했기에 일찍부터 분주했다. 서늘한 새벽길을 헐레벌떡 뛰어 차에 몸을 실었다. 국경을 넘는다는 생각에 설레면서도 한편으론 무사히 통과할 수 있을까 긴장감이 감돌았다.

시끌시끌한 소음에 잠이 깼다. 마침 버스 직원이 국경을 넘기 위해 작성해야 할 서류를 나눠주고 있었다. 얼떨결에 받아들어 빈칸을 채웠다. 이어 여권 검사를 마치고 모든 짐을 든 채 국경 사무실로 들어갔다. 아르헨티나는 제법 따뜻했는데 칠레의 국경선은 어찌나 춥던지! (앞으로 닥칠 위기를 예상하듯) 온몸에 파고드는 서늘한 추위를 이겨내려 옷깃을 여미고 털모자도 눌러썼다.

사무실 안으로 들어가자 길게 늘어선 줄이 보였고 우리도 그 뒤를 이었다. 직원은 인적사항을 컴퓨터에 입력하곤 여권에 도장을 쾅 찍었다. 그리고 모든 짐을 검사대에 올려 스캔한 후 문제되는 물건이 없는지 검사를 마쳤다. 비로소 긴장된 마음이 사르르 풀렸고, 우린 타고 온 버스 앞에서 첫 국경을 무사히 넘은 기념사진도 찰칵! 박았다.

문제는 그 이후에 발생했다. 버스에 올라 안도의 한숨을 내쉴 즈음, 국경 사무실 남자 직원이 올라타더니 좌석을 요리조리 살피기 시작한 것이다. 그는 그러다 내 자리 앞주머니의 봉투를 쓰윽 꺼내 들었다. 아차! 어제 먹다 남은 포도를 갖고 버스에 올랐는데 쓰레기인 줄 알고 신경 쓰지 않았던 것. 직원은 나에게 여권을 갖고 따라오라고 했다. 따라가면서도 나는 잔소리 몇 마디 듣고 쓰레기통에 포도를

아르헨티나에서 칠레로, 국경을 넘는 건 언제나 두렵다.

Chile

버리면 될 거라고 대수롭지 않게 생각했다.

나는 깐깐하게 생긴 한 여자 담당자에게 넘겨졌다. 일부러는 아니었겠지만 영어를 한마디도 쓰지 않고 오직 스페인어로만 나를 대했다. 낯선 언어에, 처음 겪어보는 상황에 이미 멘붕이었던 나로서 최대한 그때 상황을 재연해보면 다음과 같다.

여자 포도를 갖고 국경을 넘을 수 없다. 너는 법을 어겼으니 벌금을 내야 한다.

나 미안하다. 쓰레기통에 버리겠다. 그러면 문제될 것 없지 않느냐?

여자 (무서운 눈초리로 째려보며) 포도를 의도적으로 숨겼으니 버린다고 해결될 일이 아니다. 너는 정해진 벌금을 내야 한다.

나 Sorry. (반복)

그제야 '아, 이게 보통일이 아니구나' 심각성을 인지한 나는 무조건 "Sorry"를 연발하며 불쌍한 표정을 지었지만 씨알도 먹히지 않았다. 그래서 벌금이 얼마냐고 물었더니 한국 돈으로 환산하면 36만 원쯤 되는 금액을 계산기에 찍어 보여주었다. 세상에나!!! 너무 비쌌다. 말도 안 된다고 언성을 높이니 이전에 내가 작성한 서류에 영어로 표기된 조항을 보여줬다. 제대로 알 순 없었지만 음식물을 갖고 국경을 넘을 수 없고 어기면 벌금을 징수한다는 내용인 듯했다. 당황해 어쩔 줄 몰라 하며 벌금 낼 돈이 없다고 하자, 차가운 말투로 다른 사람을 데려오라고 했다.

무엇보다 불쾌했던 건 나를 대하는 태도였다. 내국인에겐 그렇게 생글생글 잘도 웃어놓고선 나에겐 마치 범죄자를 대하듯 싸늘하고 무섭기까지 했다. 같은 죄를 저지른 내국인들은 그냥 보내주는 걸 보았을 때는 도리어 화가 나기까지 했다. 어쨌든 내 선에서 해결해보려고 선처를 호소했지만 전혀 받아들여지지 않았고, 결국 버스로 돌아가 선배들을 불러올 수밖에 없었다.

우리는 합심해서 열심히 항의했다. "우리가 잘못한 건 맞지만 벌금이 너무 세다." 하지만 영어를 할 줄 모르는 그 여직원은 우리 말을 들으려 하지도 않고 무조건 벌금을 내야 한다는 말만 되풀이했다. 사나 선배가 한국대사관을 연결해달라고도 호소했지만 거절당했고, 레나 선배는 버스로 돌아가 스페인어와 영어가 가능한 우릴 도와줄 사람을 찾았다. 이윽고 나타난 우리의 구원자가 여직원과 대화를 시도했다. 우리가 고의가 아닌 실수로 포도를 버스 안에 둔 점, 영어가 유창하지 않아 작성지에 적힌 주의사항을 잘 이해하지 못한 점 등을 말하며 선처를 호소했다.

그럼에도 여직원은 초지일관 차가운 말투로 우리를 대했고, 실수로 포도를 버스 안에 두었다는 점은 받아들여지지 않았다. 그 대신 외국인이라 주의사항을 제대로 숙지하지 못한 점을 감안해 36만 원에서 20만 원으로 벌금이 탕감됐다. 포도 반 송이에 20만 원이라니, 벌금이 너무 세다 싶어 계속 대화를 시도했지만 여직원은 낯선 외국인에게 아량을 베풀 마음이 전혀 없어 보였다.

우리를 도와준 외국인도 여직원이 저렇게 나오면 어쩔 수 없다며 벌금을 내야 할 것 같다고 말했다. 우리 때문에 버스 안에 서른 명이 넘는 승객들이 기다리고 있어 미안하고 초조하기까지 했다.

싸늘한 말투와 눈빛의 여직원이 내 신상정보를 자판으로 타닥타닥 두드리는 모습을 보고 있자니 어찌나 서럽던지. 또 내 위법행위(?)를 인정해야 하는 사인은 왜 그리도 많던지. 볼펜을 들 때마다 손가락은 쭈뼛댔고, "실수였단 걸 알잖아"라는 나의 말에 어깨를 으쓱거리며 입술을 삐죽 내미는 그녀의 알미운 표정 때문에 속에선 천불이 났다. 그때 처음으로 스페인어 공부를 소홀히 한 게 후회됐고, 해외여행 중의 의사소통으로 인한 답답함을 절실히 느꼈다. 결국 벌금을 내겠다는 각서를 쓰고, 그에 관련된 서류 뭉치를 한아름 받아들고서야 국경 사무실을 나올 수 있었다.

어떻게 이겨내느냐가 중요한 것!

내 잘못이 가장 큰 건 인정한다. 어찌 됐든 포도를 내가 가지고 있었고, 내가 모든 짐을 가지고 내렸더라면 벌금을 내는 일이 없었을 텐데! 미안한 마음에 선배들에게 벌금은 내가 내겠다고 하니, 레나 선배는 칠레 국경 넘기가 가장 까다롭다는 걸 알면서도 체크하지 못했던 자신의 부주의를 탓했고, 사나 선배는 그 전날 포도가 먹고 싶어 샀던 자신을 탓했다. 선배들은 벌금 20만 원을 나눠 내면 큰돈이 아니라며 나를 위로해줬다. 그 모습을 보고 있자니 픽 웃음이 났다. 우리가 이래서 남미까지 올 수 있었구나! 불편한 상황에서도 그 누구의 탓도 아닌, 오히려 서로 자신을 탓하는 우리 모습에 서글펐던 마음에 온기가 스몄다.

상황은 그렇게 일단락되었다. 우리는 마음을 추스르고 다시 버스에 올랐다. 버스는 다시 시동을 걸어 탈탈탈 칠레로 가는 비탈길을 올랐다. 잔뜩 풀이 죽어 시무룩하게 앉아 있는데, 곁에 앉은 사나 선배가 내 귀에 이어폰을 지그시 끼워줬다. 내가 신나는 노래라며 선배의 휴대폰에 다운받아 놓은 터보의 〈트위스트 킹〉이 귓가에 흘러들어왔다. 우리는 아무 말 없이 그저 싱긋 웃었다.

아무튼 우리는 약속대로 칠레 비야리카에 가서 벌금을 냈고, 머나먼 나라 칠레에서 20만 원짜리 비싼 포도를 먹은 셈 치기로 했다. 그 후로 '포도'는 우리 사이에서 금지어로 지정됐고, 길을 가다 포도만 봐도 인상을 찌푸렸다는 후문이.(後聞) 하지만 그 일로 우리는 안일했던 마음가짐을 다시 쫀쫀하게 묶고 국경을 넘을 때 문제되는 일이 없도록 신경 쓰게 됐다.

여행에서 맞닥뜨리는 수많은 어려움 가운데 하나를 우리도 만난 거였다. 사실 인생에서 우리는 수많은 변수와 부딪치곤 하지만, 가장 중요한 것은 어떤 변수를 만나느냐가 아니라 어떻게 극복하느냐가 아닐까. 그런 의미에서 우리 세 여행자들은 어리바리하게, 그러나 아주 잘 헤쳐나온 것 같다.

여담으로 남미 여행을 오기 전, 불안한 마음에 타로 점을 봤었다. "여행 중 새어나가는 돈이 있네요!" 그때의 타로는 그렇게 말했었다. 꺅! 칠레 국경에서 맛봤던 그 비싼 포도를 두고 한 말이 아니던가!

칠레 국경에서. 이때만 해도 앞으로 어떤 일이 벌어질지 몰라서 스마일!

푸콘
누구나 한때는 뜨거웠던 적이 있다
from 레나

우리가 화산을 올라가는 이유

그저 한적한 휴양마을 같기도 한 푸콘이 특별한 이유는 마을을 둘
러싸고 있는 화산이 한두 개가 아닌 까닭이다. 그것도 언제 용암을
분출할지 모르는 활화산. 마침 우리가 갔을 때도 2주 전에 거창하게
폭발해서 뉴스에도 보도된 비야리카(Villarrica) 화산이 모락모락 연기
를 내뿜고 있었다. 그 아래로 아름답고 평화로운 호수마을이 펼쳐져
있는 풍경은 뭐랄까, 아이러니하기도 하고 폭풍전야 같기도 하고. 그
래서 더 매력적인 여행지였다.

이제 막 흥미진진한 모험을 시작한 것 같은 기분에 우리는 호기롭
게 화산 트레킹을 하기로 결정했다. 엘 칼라파테의 빅아이스 트레킹
이 힘들긴 했어도 그럭저럭 할 만은 했던 터라 큰 고민은 없었다. 막

트레킹 후. 우연히 오르게 된 보트 위에서 보낸 반짝이는 여유.

내 로라가 "선배들, 정말 할 거예요?" 하고 몇 번이나 물었지만, 결국 함께하기로 의기투합.

원래 푸콘 화산 트레킹은 비야리카 화산이 가장 유명하다. 리프트도 설치되어 있어 비교적 손쉽게 오를 수 있고, 꼭대기가 설산이라 내려올 때는 1시간가량 신나게 썰매를 탈 수 있기 때문에 인기 있는 레저로 각광받고 있는 것. 그러나 앞서 얘기했듯 불과 얼마 전 거하게 용암을 분출하고 아직도 식식대며 화가 나 있는 화산을 어찌 하찮은 인간 따위가 건드릴 수 있으랴. 레드 경보에서 오렌지 경보로 하향 조정되었다고는 하지만, 그런 경보가 아니면 입산 금지. 비교적

화산 트레킹의 출발 지점. 힘들지 않을 거야.(라고 믿고 싶었지만!)

케트루피얀 화산 정상에 오른 커플. 다정하고 따스해 보인다.(흑흑)

픽픽한 화산재는 트레킹하기 최악의 조건이다.

차분한 케트루피얀(Quetrupillán) 화산이 우리의 목적지로 조정되었다.

막상 트레킹이 시작되자 덩치는 가장 크지만 최약체로 평가(?)되었던 로라가 의외로 성큼성큼 잘 올라갔다.

"오~ 웬일이야? 안 힘들어?"

신기해서 로라에게 다가가니 꽤 무서운 표정을 하고 있었다.

"선배, 나는 지금 나 자신과의 싸움을 하고 있어요."

너무 힘들어서 오기로 올라가고 있다며, 트레킹이 끝날 때까지 화난 표정을 풀지 않았다. 몸놀림이 가볍고 지구력과 체력이 좋은 사나는 당연히 선두그룹에 속해 있었다. 문제는 나였다. 8시간 트레킹은 확실히 무리였다. 약간의 바람만 불어도 엄청난 모래먼지로 호흡조차 힘들었고, 건조한 흙은 퍼석퍼석해서 발이 푹푹 빠졌다.

뜨거움을 품고 있는 당신 같은 풍경

이 메마른 화산을, 우리는 무엇을 위해 오르고 있는가. 끊임없는 의문 속에서도 그저 도태되지 않기 위해 옮기는 발걸음. 발이 푹푹 빠지는 오르막길이 끝도 없이 이어져 있는데, 중간 이후에는 그늘마저도 사라졌다. 한낮의 태양은 정수리 바로 위에서 작열했고, 무엇보다 숨이 찼다. 힘들어서 죽을 것 같았다.

나중에는 왜 산을 오르고 있는지에 대한 생각은 이미 사라지고 없었다. 내 거친 숨소리가 머릿속을 가득 메웠으니까. 솔직히 고백하면

풍경도 눈에 잘 들어오지 않았다. 오로지 땅만 보고 걷는 시간. 묵묵히 화산을 오르는 동안 그야말로 무념무상의 경지에 올랐다 해도 과언이 아니다.

물론 그 와중에도 내 눈길을 사로잡는 것들이 있었다. 발밑에서 버스럭거리는 화산재들, 노릇하게 잘 구워진 돌멩이들, 그 메마름 속에서도 꽃을 피워낸 위대한 식물들……. 이따금 발길을 멈추고 멀리 바라보면 조금씩 달라지는 산맥의 정경이 또 눈을 즐겁게 했다.

뭐 어쨌든, 정상에 오르니 언제 힘들었냐는 듯 또 기분이 상쾌해졌다. 저 멀리 연기를 내뿜는 비야리카 화산, 눈으로 멋지게 뒤덮인 라닌(Lanin) 화산과 온갖 산맥이 겹겹이 장관을 이뤘다. 저 얌전해 보이는 화산들도 뱃속 어딘가에 펄펄 들끓고 있는 마그마를 품고 있을 거라 상상하니 왠지 모르게 뱃속이 뜨거워지는 기분이랄까. 메마른 화산들이 저마다의 생명력으로 살아 움직이는 것 같았다.

살아 있다는 것은 가슴속에 뜨거운 무언가를 간직하고 있다는 것과 같은 뜻이 아닐까. 아무리 메말라 보이는 사람일지라도, 살아온 날들 어디쯤에는 마그마처럼 뜨거웠던 적이 있기 마련이다. 언제 폭발할지 모르는 활화산 같은 사람이든, 겉으로는 고요하지만 남모를 뜨거움을 품고 사는 휴화산 같은 사람이든 모두가 그렇게 한데 어우러져 이토록 멋진 풍경을 만들어내는 것이다.

"올라오니까 또 좋네. 그러니까 트레킹은 우리 그만하자."

"하하, 과연 그렇게 될까?"

트레킹은 비록 힘에 부쳤으나 우리는 결국 함께 해냈다. 앞장서서 성큼성큼 내려가던 로라의 표정을 보니 그녀도 여간 힘든 게 아닌 모양이었다. 그래도 어쨌든 해냈으니까 된 셈이다. 우리는 그렇게 또 하나의 추억을 쌓고 내려왔다.

트레킹의 초입, 여유로운 세 女행자들.

푸콘 비야리카 호수
일몰, 시간이 주는 위로
from 레나

사춘기의 열병을 떠올리다

해질녘, 저물어가는 오후의 햇빛이 호수 면에 부딪혀 잘게 부서졌다. 빛으로 물든 호수에서는 소년과 소녀가 헤엄을 쳤다. 이윽고 붉은색으로 변한 수면 위에는 돛단배가 마치 정물화처럼 떠 있었다. 하얀 오리 떼들의 울음소리가 귓가를 간지럽혔고, 우리는 그저 이 모든 풍경이 꿈결 같았다. 푸콘을 떠나기 전, 약 3시간을 비야리카 호숫가의 지는 해를 바라보며 흘려보냈다. 여행을 하며 우리는 수없이 많은 일출과 일몰을 만났지만, 이날의 일몰이 유독 특별하게 기억되는 이유는 무엇이었을까.

열일곱 살의 해질녘을 난 아직도 잊지 못한다. 모든 수업이 끝나고

붉은 노을빛이 감싼 풍경, 한참을 바라보고 바라보았다.

야간 자율학습이 시작되기 전, 나는 운동장이 한눈에 내려다보이는 돌계단 위에서 하염없이 지는 해를 바라보곤 했었다. 사춘기였고, 그래서 예민했고, 지독한 짝사랑의 몸살에 정상이 아니었다. 그 때문이었을 것이다. 해질녘 노을이 그렇게나 슬펐다. 세상은 알 수 없는 일 투성이였고, 모든 일이 덧없고 허망했다. 어차피 저리 사라질 것들인데, 왜 나는 이리 흔들리고 고통받는가. 한참을 울면서 해가 지는 내내 시선을 떼지 않았다. 그렇게 시간을 보내고 나면, 왠지 모르게 위로받는 느낌이 들었던 것 같다.

열병처럼 사춘기를 보낸 후 한동안은 해가 뜨는지 지는지도 알아채지 못하고 바쁘게 살았던 시절이 있었다. 매일매일이 무언가로 가득 차서 시간이 오고 가는지 느낄 겨를이 없었다. 때가 되면, 내가 신경 쓰지 않아도 해는 뜨고 지는 것이었다.

다시 노을을 바라보게 된 것은 서른이 지날 즈음이었다. 쏜살같이 흘러간 시간은 이미 잡을 수도 없었고, 어리둥절해하는 사이 시간은 나를 스치고 지나갔다. 매일 해가 뜨고 지는 만큼 나는 나이 들어갔고, 허무함은 커져갔다.

지금 난 그때의 나보다 두 배를 살았지만 여전히 노을을 바라보고 있노라면 가슴 한편이 쓸쓸해진다. 나이 들었다고 감정이 둔해지는 것은 아니다. 두 배만큼의 기쁨과 슬픔과 쓸쓸함을 알게 되는 것이다.

해질녘, 비야리카 호숫가에서 느껴지는 여유로움.

일몰은 시간이 주는 위로 같았다. 덧없이 흘러가는 시간을 어쩌지 못하고 망연한 나머지 발만 동동 구르는 우리들을 해질녘 노을은 가만히 다독여주었다.

— 나는 영영 떠나는 게 아니야. 지금은 가야 하지만, 다시 돌아올 게. 약속할게.

마치 이렇게 말해주는 것 같아 마음이 먹먹했다. 한낮의 태양은 높고 빛나서 차마 눈 뜨고 볼 엄두를 낼 수 없지만, 일몰은 그렇지 않았다. 나와 같은 눈높이에 서서 말을 거는 느낌이랄까. 가끔은 자기를 봐달라고 노란빛으로, 붉은빛으로, 보랏빛으로 물들며 환하게 웃지만, 왠지 그 뒷모습은 쓸쓸한 피에로 같기도 했다. 그래서 일몰을 보고 있으면 마음이 편안해지곤 했다.

비야리카 호숫가의 일몰은 더더욱 그랬다. 찰랑거리는 물소리, 꽥

비야리카 호수의 평화로운 풍경.

꽥거리는 오리들의 울음소리, 붉어지는 노을빛이 감싼 엽서 같은 풍경들. 이 모든 장면과 소리와 냄새를 담고 싶어 공연하게 눌러댔던 셔터. 그렇게 한참을 바라보고, 바라보고, 바라보았다. 기어코 마지막 빛 무리가 저 너머로 넘어가고 나서도 은은한 잔상은 우리 어깨를 감쌌다.

"가야 할 시간이야."

누군가가 말했다. 여행을 하며 우리는 매일 다른 시간과 공간에 이별을 고하곤 했다. 방금 이별한 태양은 아마 내일 또다시 떠오르겠지만, 이 아름다운 호숫가에서, 먹먹하고 황홀한 기분으로 바라봤던 그 태양은 아닐 터였다.

나이를 먹는 일이 서글프지만은 않은 이유. 내가 보낸 매일매일 속에 서로 다른 의미의 태양이 빛나고 있으니까.

한결 홀가분해진 몸과 마음으로 우린 또 다른 태양을 좇아 떠났다.

산티아고
행복을 빚지는 여행이란

from 레나

안녕, 나의 사람

산티아고 아르마스 광장(Plaza de Armas)에는 꽤 근사한 우체국이 있다. 족히 100년은 되어 보이는 고풍스러운 건물인데, 안으로 들어가 보니 현대적인 시설이 잘 구비되어 있었다. 우체국 앞에서 나는 엽서를 몇 장 샀다. 이 우체국에서 꼭 엽서를 보내야겠다고 생각했다.

새로운 나라에 갈 때마다 나는 남편에게 엽서를 써 보내곤 했다. 매일같이 카톡이나 무료통화로 안부를 주고받곤 했지만, 심혈을 기울여 고른 엽서에 꾹꾹 눌러쓴 손편지가 비행기나 배를 타고 지구 반대편까지 날아가는 상상을 하면 괜히 기분이 좋았다. 남편과 이렇게 멀리, 그리고 오래 떨어져 지내본 건 처음이었다. 결혼한 지 6년, 사귄 기간까지 합하면 10년이 넘는 긴 시간 동안 우리는 늘 함께였으

칠레 산티아고의 어느 거리에서.

오후의 빛이 내려앉은 산티아고 광장.

니까. 여행 좋아하는 아내를 만난 덕에 처음으로 여권도 만들어보고, 신혼여행으로 동남아에서 정글 트레킹을 해야 했던 신랑이다(그는 나를 만나기 전에 한 번도 해외에 나가본 적이 없다. 원래 여행은 그렇게 힘든 건가 보다 생각했단다).

남미에 가야겠다는 생각을 처음 했을 때도 어떻게든 그와 함께하고 싶었다. 소설가인 남편은 비교적 시간 운용이 자유로운 편이지만, 막상 몇 달의 시간을 여행에 쏟아붓기는 좀 부담스러웠던 모양이다. 혼자서라도 가겠다고 고집을 부릴 때만 해도 그가 흔쾌히 오케이할 거라곤 생각지 못했다. 어떤 일이든 내가 하고픈 대로 내버려두는 맘 좋은 남자지만, 아무리 그래도 남미였다. 일본도 아니고, 태국도 아닌 라틴아메리카. 거리는 너무 멀었고, 기간은 너무 길었다. 다행히 평소 친동생처럼 지내는 후배들과 함께 떠나게 되면서 그는 좀 더 안심할 수 있게 되었다. 아무리 혼자서도 잘하는 아내라지만, 내심 불안하긴 했겠지.

항공권까지 사놓은 후 남편이 큰 수술을 받기도 하고, 시댁을 설득해야 하는 문제 등 많은 고비가 있었지만, 결국 난 떠났다. 크고 작은 죄책감과 무거운 마음이 등 뒤에 달라붙어 떨어지지 않았지만 절대 뒤돌아보지 않고.

매일매일이 파티처럼

산티아고는 꽤 매력적인 도시였다. 고풍스러운 유럽식 건물 사이를 거닐 땐 절로 기분이 좋아졌다. 웅장한 대성당에서 가만히 앉아 경건한 공기를 들이마시기도 했고, 멋스러운 현대미술관에서는 남미 특유의 문화적 자극에 영혼이 깨어나는 듯했다. 마음에 드는 곳을 만나면 누가 먼저랄 것 없이 걸음을 멈췄다. '마음 가는 대로 발길을 자유롭게 하라'는 게 내 여행 철학인데, 말이 좋아 철학이지 여행지에서 난 항상 '고삐 풀린 망아지'가 되곤 했다. 내 불규칙한 걸음에 항상 100퍼센트 맞춰주었던 남편이 떠올랐다. 정신을 놓고 돌아다니다 문득 뒤를 돌아보면 지쳐서 숨을 헐떡이고 있는 그의 모습을 발견할 수 있었다. 그때부터는 내가 그의 컨디션을 챙길 차례. 그렇게 서로 걸음을 맞춰가야만 함께 여행할 수 있다.

사실, 남편이 아닌 다른 사람과 해외 배낭여행을 떠난 건 나에게도 정말 오랜만의 일이었다. 두 후배와는 이미 숱한 국내 여행으로 서로의 합이 얼마나 잘 맞는지 알아왔던 터였다. 걷는 속도가 비슷하다는 얘기가 아니다. 이들과 함께 걸을 때면 나는 곧잘 뒤처지곤 했다. 이

산티아고 근교의 발파라이소에서, 로라.

산티아고 도서관에서 본 연인들.

벽화로 유명한 발파라이소는 하루 정도 둘러보기 좋다.

리저리 한눈을 파느라 주위 사람을 챙기는 일에는 무뎠다. 그러다 정신을 차리면 시야가 닿는 곳에서 항상 날 기다려주는 그들을 발견할수 있었다. 그렇게 셋이 하루 종일 도시 곳곳을 쏘다니다 예쁜 아파트로 돌아오면, 밤마다 파티를 열었다. 맥주는 항상 맛있었고, 가끔은 와인에 소고기를 곁들였다. '피스코'라는 전통술에 치즈를 안주삼아 먹으면서 〈무한도전〉 같은 한국 예능을 다운받아 보며 깔깔대기도 했다.

"이 여행은 매일매일이 파티 같아."

로라의 말처럼 우리 삶이 매일 즐거운 파티 같다면 얼마나 살맛 날까. 그러나 현실이 그렇지 못하다는 걸 알기에 우리는 때로 이렇게도망치듯 삶에서 빠져나와 외유하곤 했다. 그리고 그 외유에는 항상누군가의 걱정과 그에 따른 미안함이 동반되기 마련이었다.

언젠가 파티가 끝나더라도

아버지의 반대를 무릅쓰고 첫 배낭여행으로 인도에 갈 때도 그랬다. 뉴스에서는 연일 파키스탄 접경 지역에서의 분쟁이 보도되고 있었다. 일부 지역에 국한된다고는 하나 그런 곳에 이제 갓 성인이 된딸자식을 흔쾌히 보낼 부모가 어디 있겠는가. 여행 가기 직전까지 온갖 회유와 협박이 계속되었지만 내 고집을 꺾진 못했다.

그렇게 부모님 가슴에 못을 박고 떠나는 심정은 무겁기 그지없었지만, 그건 그거고 여행은 정말, 진심으로, 말도 못하게 재미있었다.

산티아고 우체국에서 엽서를 부치다.

살면서 그렇게 행복하고 즐거웠던 적이 또 있었을까 생각될 정도였다. 그러다가도 문득문득, 수천 년 전의 템플 앞에서 기도를 할 때나, 갠지스 강가에서 소원을 빌며 불 붙인 초를 띄울 때 부모님을 떠올리곤 했다. 그때도 그 마음을 담아 엽서를 써서 보냈다. 나의 빚진 마음과 가슴 깊이 간직한 고마움이 바다를 건너고 하늘을 날아 나 살던 곳에 닿기를 빌면서. 이번 여행으로 인해 회사를 어렵게 그만두어야 했던 로라도, 편찮으신 어머니를 설득해야 했던 사나도 같은 마음이었을 터. 어쩌면 우리가 누리는 행복에는 일말의 죄책감과 부채의식이 늘 세트로 따라다니는 건지도 모른다.

산티아고를 떠나는 날 아침, 나는 우체국에 가서 한국으로 엽서를 부쳤다. 비록 지구 반대편에 떨어져 있지만 보이지 않는 실로 이어져 있음을 그도 알고 있을 것이다. 그 실은 길이가 아주 길어서 어디에 있든 서로의 행복을 진심으로 응원하는 마음이 고스란히 전해진다는 것.

엽서가 한국에 도착하는 데는 대략 2주에서 한 달 정도가 걸렸다. 엽서가 도착하는 족족 사진을 찍어 보내며 반가워하는 남편의 모습에 웃음이 났다. 늘 같은 자리에서 기다리는 남편이 있기에 나는 언젠가 이 파티가 끝나더라도 가볍게 자리를 털고 일어날 것이다. 일단은 파티를 즐길 시간. 정들었던 아르마스 광장에 이별을 고하며 다음 도시를 맞이할 준비를 시작했다.

 세女행자님이 새로운 사진 9장을 추가했습니다
게시자 염혜선 ▸ 2015년 3월 28일 ▸

[남미여행_22일차] #Chile #Santiago
"자세히 보아야 예쁘다. 오래 보아야 사랑스럽다. 산티아고도 그렇다" 차가운 시멘트에 둘러싸인 산티아고. 첫인상은 그렇게 각박하고 매서웠다. 하지만 슬렁슬렁 여유를 갖고 둘러보니, 예 참 매력있다. 누군가를 제대로 알아가기 위해 일정한 시간이 걸리듯 도시도 그런걸까.
오늘은 일찍 중앙시장에 가 주먹만한 전복 12마리를 25000페소에 업어왔다. 이어 한인마트서 떨어진 식량비축, 겔러리카페서 여유 부리기, 칠레의 남산 산크리스토발까지. 꼭대기에서 내려다본 산티아고는 눈부셨고 우연히 발견한 #patiobellavista 는 예쁘게 노닥 거리기 좋았다. 벨라아르떼 국립미술관은 웅장한 건물안에 말랑한 소품들이 노니는 느낌. 해가 떨어질즈음 전복 파티를 열었다. 날마다 우리만의 파티가 열리고, 얄궂게 우리 계획을 벗겨가는 상황들. 훗, 두고봐라 볼리비아야!

각 나라의 음식을 맛보는 건 기쁜 일이지만 매번 사먹으면 질릴 때가 있다. 그런데 운 좋게도 내가 묵는 숙소에 식기도구가 준비된 완벽한 부엌이 있다면? 망설이지 말고 하루만큼은 요리사가 되어보자. 남미는 특히 고기와 채소가 저렴하다. 여기서 소개하는 음식들은 비교적 저렴한 가격으로, 남미에서 살 수 있는 흔한 재료들로, 손쉽게 만들 수 있는 요리들이다. 의심 마시라, 정말 맛. 나. 다.

1. 출출할 때 간단히 해 먹을 간식이 필요하다면? **감자전**

재료 감자, 강판, 소금, 식용유

감자껍질을 깐 후 강판에 감자를 곱게 간다. 손으로 감자의 물기를 쪽 뺀 후 그릇에 담는다. 감자 위로 소금을 솔솔 뿌린 후 숟가락으로 잘 섞어준다. 프라이팬에 기름을 넉넉하게 두른 다음 감자를 얇게 펴바르며 노릇하게 익혀낸다. 크기는 부침개처럼 크게 부쳐도 좋고 한 입 크기로 작게 부쳐도 좋다. 개인 취향에 맞게!

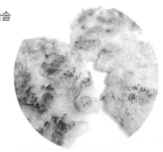

2. 파티를 열고 싶다면? **치킨 바비큐**

재료 닭 한 마리, 감자, 당근, 소금, 식용유, 허브가루, 바비큐 분말가루(큰 마트에 가면 쉽게 구입할 수 있다)

닭 한 마리를 통째로 구입하면 대부분 내장은 다 발라져 있다. 닭은 기름 덩어리와 껍질을 기호에 따라 벗겨낸다. 잘 익도록 닭에 칼집을 내고 바비큐 분말가루를 뿌려놓는다. 감자, 당근 등 채소는 잘 손질해 큼지막하게 썰어놓는다. 오븐팬에 식용유를 두르고 닭은 중간에 채소는 가장자리에 둘러 담는다. 소금은 채소에만 뿌리고 허브가루는 전체적으로 뿌린 후 그 위에 다시 한 번 식용유를 두른다. 240도 온도로 달궈진 오븐에 45분간 익히면 끝.

3. 휘리릭 빨리 만들 수 있는 안주가 필요하다면? **가지볶음**

재료 가지, 소금, 식용유, 허브가루

가지를 깨끗하게 씻어 5cm 크기로 길고 두툼하게 썬다. 달궈진 프라이팬에 기름을 두르고 가지를 넣고 볶다가 소금과 허브가루를 뿌린다. 가지가 반투명해질 때까지 더 볶다가 그릇에 담아내면 오케이.

4. 매콤~한 한국 음식이 그립다면? **떡볶이**

재료 밀가루, 양배추, 대파, 당근, 삶은 달걀, 소금, 케첩, 설탕, 미지근한 물, 조미료

미지근한 물에 밀가루와 소금을 넣고 단단히 잘 뭉쳐지도록 반죽한다. 너무 두껍지

않게 길고 얇게 빚어 칼로 잘라 떡볶이 모
양으로 썰어준다. 물에 조미료를 넣
고 끓인 후 떡볶이를 넣어 익힌다.
투명해질 때까지 다 익혔으면 떡볶이
를 꺼내 양념이 잘 배게 구멍을 뚫어준다. 양
배추와 대파, 당근은 먹기 좋은 크기로 썰어놓는다. 오
목한 프라이팬에 물을 담고 조미료는 조금, 설탕도 조금, 고
추장은 넉넉히 넣어 끓인다. 이어 떡과 손질한 채소, 삶은 달걀을 넣고 졸이며 간을
맞추면 된다.

5. 친구에게 그럴듯한 요리를 해주고 싶다면? 라비올라

재료 라비올라(큰 마트에서 쉽게 구입할 수 있다), 토마토파스타 소스,
소금, 양파, 식용유

물에 소금을 넣고 라비올라를 익힌 후 꺼내놓는다.
양파는 먹기 좋은 크기로 썰어놓고 식용유를 두른
프라이팬에 반투명해질 때까지 볶는다. 이어 라비올
라까지 넣어 조금 볶다가 토마토파스타 소스를 넣고
볶아주면 완성.

Chapter 3

지구가 품은 보석, 볼리비아

버스를 타고 볼리비아 국경을 향해 가는 길.

바람엔 날이 서고 햇빛은 투명해졌다.

거르지 않은 햇볕을 그대로 받아들인 사람들은

검은 피부와 맑은 눈빛을 지니고 있었다.

동그랗고 챙이 넓은 모자를 쓴 검은 피부의 원주민들.

시시각각 다른 풍경이 펼쳐질수록

다른 나라에 간다는 실감은 더했다.

새하얀 보석을 품은 나라.

우리는 볼리비아로 향했다.

우유니
느리게 흘러가는 순간이 주는 감동

from 사나

우유니 행 열차 안에서

기차에 오른다는 건 할랑한 시간을 보내고 싶다는 의미이기도 하다. 느린 열차일수록 풍경에 더 많은 시간을 할애하고 사소한 소음도 따뜻하게 받아들이게 된다. 기차는 단지 '이곳'에서 '저곳'으로 가는 교통수단이 아니다. 여행의 또 다른 과정이다. 목적지보다 중요한 건 어쩌면 그 과정일지 모른다. 넓어지는 생각을 만날 수 있는 시간이기 때문에. 볼리비아의 국경 도시 비야손(Villazón)에서 출발한 우유니 행 기차에 올랐을 때의 미미했던 기억들이 풍경 속에 오래 머물렀다.

기차를 좋아하게 된 건 20대 후반이었다. 어쩌다 보니 에디터가 된 나는 교육 잡지와 문화 잡지를 거쳐 세 번째로 고속철도 KTX 좌석마다 꽂혀 있는 여행 매거진을 만들게 되었다.

이 잡지사에 들어가게 된 건 우리 셋이 떠났던 부산 여행 덕분이었다. 《사색의 향기》에서 쫓겨나 꽃동네에서 봉사활동을 하며 친해진 우리는 그해 봄, 여행을 떠나기로 했다. 그 첫 번째 행선지는 부산. 한 번도 가본 적 없는 도시였다. 처음 KTX를 타고 낯선 도시로 떠나는 기분은 그야말로 최고였다. 그때 열차 안에서 낯선 잡지 《KTX매거진》을 읽게 되었는데, 최현주 편집장님(당시에는 수석기자)의 시처럼 읽히는 기사에 감동을 받았다. 그 순간부터 부산을 여행하는 내내 '나도 이곳에서 글을 쓰고 싶다!'라는 생각이 머릿속에서 떠나지 않았다.

부산은 거대했지만 다정한 도시였다. 우리 셋은 야경이 멋진 바다를 바라보며 한참을 이야기했고, 벽화마을 달동네에서 아이가 된 것처럼 놀기도 했다. 우리의 첫 여행은 소소하지만 성공적이었다.

몇 달 후 《KTX매거진》 에디터 모집 공고가 떴고, 부산에서의 기억을 모아 여행기를 써서 이력서와 함께 냈다. 거짓말처럼 걸려온 전화. "합격입니다!" 당시 몇 백 대 일의 경쟁률을 뚫고 들어간 행운의 에디터가 되었다. 그렇게 세 여행자의 부산 여행이 내게 평생의 길을 열어준 셈이었다. 그래서 기차를 탈 때면 늘 그립다. 마음 한편, 부산은 그런 도시였다.

《KTX매거진》에서의 3년. 이 시기만큼 행복하게 일했던 때는 없었는데, 또 그렇다고 쉬운 것만은 아니었다. 매달 초면 수십 개의 아이템을 쏟아내야 했고, 여행지를 선정하고 콘셉트를 잡아 부랴부랴 떠나야 했다. 아직 완연한 겨울인데 다음 달 봄 기사를 위해 따뜻한 계절을 어디서든 구해야 했다. 여행에서 돌아와 인터뷰와 스튜디오 촬영을 마친 뒤 원고를 쓰느라 며칠 밤을 새워야 했던 날들.

잡지 특성상 나는 기차를 타고 국내 곳곳을 다녔다. 그때부터였다. 기차라는 공간의 매력에 빠지게 된 건. 내 마음에 무수히 많은 간이 역이 새겨졌고, 계절이 기차 창으로 스치곤 했다. 그 시간을 온전히 사랑했다.

낯섦보다 설렘

남미에서는 대부분 버스를 타고 이동했기 때문에 기차를 타고 우유니로 향하는 길이 더 기다려졌는지 모른다. 국경에서 택시로 10분 거리에 떨어져 있는 비야손 기차역은 크지 않았다. 역 앞엔 과자나 주스를 파는 노점상 하나만 덩그러니 있었다. 그늘이 없는 그 거리를 큰 개만 어슬렁거렸다.

곧 출발. 플랫폼으로 나가자 파란색 기차 한 대가 서 있었다. 역에 매달린 종과 잘 다린 제복을 입은 차장님, 녹슨 철길 위로 고개 내민 풀포기 등의 풍경이 낯선 도시에서도 마음을 놓이게 했다. 기차는 우리가 타서 자리를 잡자 경적 소리를 내며 천천히 움직이기 시작했다. 역시나 느릿느릿. 창가에 기대어 생각을 마음껏 풀어놓았다.

우리 셋은 동시에 "기차에선 맥주지!" 하며 지나가는 차장님에게

우유니로 향하는 기차 안에서 모처럼의 여유를 즐겨본다.

남미에서 처음이자 마지막으로 탄 기차.

멋진 풍경 사이로 달리는 우유니 행 기차.

기차에선 당연히 맥주지!

우유니 행 기차를 기다리는 레나와 샤나.

다짜고짜 "Cerveza!"(세르베사, 맥주!) 하고 외쳤다. 그러자 그는 우리를 옆옆 칸에 있는 식당으로 데리고 갔다. 세상에나 이렇게 분위기 있는 기차 식당이라니! 서부 영화에 나올 법한 빈티지함이 스며 있는 공간이었다. 서빙하는 종업원이 글씨가 빽빽이 써 있는 메뉴판을 내밀었고 우리는 커피와 맥주, 간단한 음식을 주문했다. 컵 가득 담겨 있던 커피가 덜커덩거리는 기차 때문에 컵 밖으로 흘러넘치기도 했다. 하얀 접시에 소박하게 나온 음식은 꽤 근사했다.

시간이 차곡차곡 개어지듯 흘러갔다. 사소한 풍경에 자꾸 시선이 머물렀다. 경적 소리에 귀를 막고 있는 소녀, 안녕이라고 손을 흔들면 답해주는 사람들, 오래도록 이어지는 산등성이……. 책을 읽다 풍경을 보다, 그렇게 아무것도 하지 않기에 풍성해지는 시간을 자연스레 받아들였다. 어둑해질 무렵, 승객들은 의자를 편하게 젖히고 출입구 앞에 매달린 작은 스크린에 집중하기 시작했다. 그러자 이곳은 순식간에 소음이 공존하는 영화관으로 변모했다.

어느 역이었는지, 까무룩 잠이 들었는데 소란한 소리에 깼다. 청년들이 먼지를 일으키며 우르르 기차에 올라타고 있었다. 그들은 우리 옆과 뒷자리에 앉아 우리를 바라보며 수군거렸다. 우리는 애써 눈을 피하며 조용히 앉아 있었다. 땀 냄새가 물씬 나는 청년들은 가방에서 맥주를 꺼냈고, 그러자 이번엔 열차가 흥겨운 주점으로 변했다. 그중 한 명이 우리에게 성큼성큼 다가왔다. 두려움에 떨던 우리에게 내민

잠깐 멈춘 기차. 차창 밖으로 보이는 풍경.

것은 맥주. 그것도 아주 수줍게. 로라가 용감하게 맥주를 받았고, 그
때부터 청년들은 우리와 맥주를 부딪치며 즐거운 한때를 보냈다. 우
린 그렇게 누군가와도 스스럼없이 지낼 수 있다는 것이 만족스러웠
다. 비록 언어는 통하지 않아도. 그래서 더 대단하다고 생각했다. 웃
음과 눈빛으로도 그 사람의 마음을 읽을 수 있으니. 그렇게 시끌시끌
했던 열차는 깊은 밤이 되어갈수록 고요해졌다.

　밤이 내려앉았다. 창이 삐거덕거리는 틈으로 먼지가 흘러들었다.
그곳엔 열리고 닫히는 세계가 있었다. 나는 손가락 사이로 흘러가는
시간을 만질 수 있었다. 낮에서 밤으로 가는 길, 그동안 나를 스친 순
간들이 손에 하나하나 잡혔다. 난 행복했던 순간을 오래 붙들고 있었
다. 지구가 사라질 때쯤이면 이렇게 생경하고 황폐한 풍경이 펼쳐질
까. 그 위엔 변함없이 무수한 별이 박혀 있을 터였다. 어두운 심연 안

에 작은 불빛을 비추는 기차가 느릿느릿 달리고 있었다. 그 끝은 어디일까.

깜빡 잠들었다 깨어보니 어느새 자정 무렵. 열차는 서서히 멈출 준비를 하는 중이었다. 기차는 우리가 가장 기대했던 우유니에 조금씩 가까워지고 있었다. 미지의 세계에 들어서는 밤, 낯섦보다 설렘이 소리 없이 커져갔다.

 세女행자들님이 새로운 사진 15장을 추가했습니다
게시자 박선희 ▸ 2015년 4월 6일 ▸

[남미여행 30일차] #Argentina #Bolivia #Uyuni
새벽 4시. 눈이 떠졌다. 드디어 아르헨티나는 굿바이, 볼리비아로 넘어가는 중대한 날이다. 블로그 검색으로만 계획을 체크했고 변수가 생기지 않기를 바랄 뿐이 버스로 7시간, 작은 마을마다 정차할 때마다 인디오의 색이 짙어 진다. 바깥 풍경도 바삭바삭 말라간다. 버스에 내려 걸어서 국경을 넘는 순간. 뭔가 잔뜩 기대했는데 30분쯤 걸렸을까. 남미 중 유일하게 비자를 요구하는 볼리비아 국경 통과는 의외로 쉬웠다. 우유니행 기차를 예매하고 나니 3시간의 여유가 생겼다. 레나는 책을 보다 잠들었고, 로라는 열심히 키보드를 두드린다. 볼리비아 기차를 보자, 익숙함과 반가움이 영화를 볼 수 있고 식당칸도 있어 무려 '요리'와 함께 맥주도 즐길 수 있다. 어느 역에서 볼리비아 남정네들이 잔뜩 올랐다. 땀냄새에, 시끄럽기까지 인상이 찌푸려졌는데 유쾌한 아저씨들이었다. 같이 사진을 얼마나 찍었는지 그렇게 우유니로 가는 밤기차. 창으로 무수한 별이 쏟아지고, 적막한 지형 위로 작은 불을 밝히며 열차는 느릿느릿 나아간다. 새벽에 도착해 호텔을 잘 찾을 수 있을까, 걱정은 잠시 접고 온전히 우주에 가까워지는 이 시간 안에 머무른다.

우유니 소금호수
세상에서 가장 하얀 놀이터

from 레나

'우유니'라는 보석을 찾아가는 길

남미 땅에 발을 딛는다는 것 자체가 녹록지 않은 일인 만큼, 남미 여행을 하기까지는 꽤 거창한 계기나 결심이 필요한 법이다. 그런데 상당히 많은 여행자들이 '우유니 소금사막을 보고 싶어서'라는 단순한 이유로 남미 땅을 밟곤 한다. 물론 우리도 크게 다르지 않았다. 우유니에 가기 위해 꽤 많은 난관을 넘어섰으니까.

칠레에서는 때아닌 북부 홍수로 모든 버스 편이 취소돼 불가피하게 여정을 변경해야 했고, 다시 아르헨티나로 들어오니 이번엔 전국적인 대중교통 파업이 기다리고 있었다. 멘도사에서 살타, 살타에서 비야손 마을을 거쳐 국경을 넘는 일은 모험과도 같았다. 하지만 우유니 소금사막을 눈에 담기 위해 우리는 기꺼이 이런저런 장애를 극

우유니 사막 투어의 베이스캠프, 우유니 마을을 산책하다.

복했다.

　기적 소리가 요란하던 낡은 기차가 우릴 내려준 시간은 새벽 1시. 그렇게 고대하던 우유니 마을에 도착했을 때 우리는 조금 지쳤던 것도 같다. 첫 숙소에서는 말도 안 되는 바가지를 씌웠고, 마을 사람들은 관광으로 먹고사는 이들치고 너무나 불친절했다. 해발 3,700미터

고산지대에 적응하는 것도 쉽지 않았다. 밤에는 오한이 날 정도로 춥고, 한낮은 정수리가 뚫릴 것같이 뜨거운 햇볕이 내리쬐는 날씨. 1,950미터 높이의 한라산도 올라본 적 없는 우리였다. 태어나 처음 경험해보는 고산지대라 조금만 걸어도 금세 숨이 차고 피곤해졌다. 새벽에 떨어지자마자 바로 데이투어를 떠나는 젊은 백패커들이 신기해 보일 정도. 나이 탓으로 돌리고 싶지는 않았지만, 솔직히 그랬다.

새벽 1시에 체크인한 숙소에서 아침 늦게까지 푹 자고 바로 체크

관광지답지 않게 소박했던 우유니 마을.

아웃을 했다. 볼리비아 돈을 뽑고, 숙소를 옮기고, 어슬렁어슬렁 마을을 거닐었다. 아침부터 하루 종일 돌아다녀야 하는 데이투어는 무리. 첫날은 선셋투어로 만족하기로 했다. 다행히 우리를 포함한 한국인 네 명과 홍콩인 커플, 이렇게 여섯 명으로 팀이 꾸려졌다.

언젠가는 그곳에, 잊고 있었던 약속

조금은 늘어진 채로 지프에 몸을 실었다. 솔직히 이때까지는 실감도 안 났다. 점점 인적이 드물어지고, 하늘과 땅으로 이분된 세계가 펼쳐지자 나도 모르게 조금씩 가슴이 두근거렸다. 우리가 여행한 4월은 우기에서 건기로 넘어가는 시기라 마른 소금사막과 물이 차오른 소금호수를 모두 볼 수 있었다. 처음 도착한 마른 사막은 육각형 결정의 무늬가 인상적인 드넓은 평야였다. 수만 년 전에는 바다였던 증거를 이 드넓은 소금밭이 증명해주고 있었다. 뜨거운 햇볕을 받아 바짝 마른 소금 결정이 눈부시게 빛났다.

단지 그뿐이었다. 새하얀 소금사막. 그런데 그 위에서 우리는 모두 어린애들처럼 신이 났다. 마치 놀이터에 놀러 온 어린아이처럼 소리 지르고 웃고 뛰어놀았다. 파란 하늘과 하얀 지구. 세상은 딱 그렇게 이분되었고, 이 동화 같은 세상 위에서 우리는 자유로웠다.

하지만 역시 우유니의 백미는 소금호수 위에서였다. 사막에서 다시 지프를 타고 30분쯤 달리니 찰박찰박 복사뼈까지 물이 차오르는

땅도, 하늘도 하얀 세상.

건기 때 볼 수 있는 육각형의 소금사막.

얕은 호수가 펼쳐졌다. 호수의 한가운데에서 달리던 지프가 멈춰 섰고, 우리는 장화까지 챙겨 신고 호수 위에 발을 디뎠다. 장화 끝이 호수 면에 닿던 그 순간이 지금도 잊히지 않는다. 나의 두 발에서 시작된 파동이 커다란 원을 그리며 고요한 호수 면을 흔들었고, 그 원을 따라 시선을 옮기면 새하얀 호수가 저 멀리 하늘 끝에 닿아 있었다.

자연이 만들어낸, 세상에서 가장 커다란 거울. 그제야 실감이 났다. 내가, 비로소, 이곳에, 왔구나.

약 10년 전이었던 것으로 기억한다. 한 사진작가의 작품 중 가장 인상적이었던 풍경. 비현실적으로 아름다운 사진 한 장. 저 꿈같은 세상 속에 나도 있을 수 있다면. 그래, 나는 저곳에 꼭 가야겠다. 언제가 될지 모르겠지만, 그래도 언젠가는. 그런 생각을 했던 것 같다.

드디어 만난 새하얀 소금사막, 우유니!

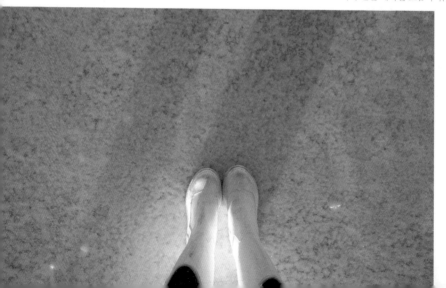

그러나 우유니는 그냥 올 수 있는 곳이 아니었다. 오랜 기다림과 적잖은 용기, 시간과 돈, 함께할 수 있는 사람 등등 많은 것을 필요로 했다. 그러니까 우유니에서 나는 아주 오래전에 스스로와 했던 약속을 지켜낸 것이었다.

잘 왔어, 그래, 잘 살아왔어

해가 저물자 호수의 풍경은 점점 환상적으로 변해갔다. 서로의 모습은 실루엣으로 각인되었다. 하늘을 보고, 발을 딛고 선 호수 면을 내려다보고, 깊게 숨을 들이쉬며 셔터를 눌렀다. 아주 일부만이라도 담아갈 수 있다면, 이 벅차오르는 감정을 기억해낼 수 있다면, 간절히 바라면서.

빛의 잔상마저도 사라지고, 하늘 곳곳에서 별들이 하나하나 모습을 드러낼 때는 마치 웅장한 오페라의 커튼콜을 보는 것 같았다. 박수라도 치고 싶은 심정이었다고 할까. 별 하나하나가 드넓은 하늘 이곳저곳에서 짠~ 하고 나타나서 나에게 인사를 건넸다.

안녕. 잘 왔어. 만나서 기뻐. 그리고 수고했어. 잘 살아왔어.

나에게 말을 거는 별들에게 화답하느라 시선을 하늘에서 뗄 수가 없었다. 사나와 로라도 마찬가지였다. 셋 다 먹먹해진 표정으로 하염없이 하늘만 바라봤다. 그러다 문득 주위를 둘러봤는데 세상은 어느새 아름다운 우주로 변해 있었다. 호수 면에 그대로 반사된 별들이 위, 아래, 옆에서 끊임없이 반짝였다. 우리의 감탄은 그칠 줄을 몰랐다.

어둠이 깔리기 시작하는 사막에서의 실루엣.

어떤 포즈로 찍어도 그림이 된다.

"우리, 열심히 잘 살았나 봐."

"큰 상을 받은 기분이야."

모두 같은 마음이었던 걸까. 우유니에 오기 위해 넘어야 했던 수많은 난관들이 별것 아니게 느껴졌다. 그만한 가치가 있었음이 충분히 증명되었으니. 뿐만 아니라 우리 스스로도 행복했다. 살아 있어서 다행이다. 살아서 이렇게 아름다운 것들을 볼 수 있어서. 그래, 우리는 이런 호사를 누릴 자격이 충분히 있는 사람들. 우린 말없이 서로 손을 맞잡았다.

우유니 소금사막
인생의 풍경과 마주한 순간

from 사나

우유니에서의 일상 같은 날들

해발고도 3,600미터에 자리한 우유니는 아침저녁 온도 차가 굉장
히 심했다. 한낮의 태양이 어찌나 따가운지 선글라스 없이는 다니기
힘들 정도였다. 전날 우유니의 품에서 잠시 머문 우리는 피곤한 아침
을 맞이했다. 둘째 날인 오늘은 하루 종일 우유니 소금사막을 다녀야
하기 때문에 아침 일찍 거리로 나섰다.

광장 근처에서 파는 소박한 감자 크로켓과 채소샐러드로 배를 채
웠다. 한 끼에 1,000원도 안 됐지만 든든했다. 데이투어는 오전 10시
부터 오후 6시까지, 우유니 사막과 주변 스폿을 보는 여정이었다. 오
늘의 가이드는 한국인 사이에서 유명하다는 조니. 그리고 20대 한국
인 청년 창우와 영완이 함께했다.

첫 번째 코스인 기차무덤으로 향했다. 벌판 한가운데 폐기차와 철로가 덩그러니 놓여 있었다. 1900년대 초중반 볼리비아 광산이 전성기를 누리던 시기를 달리던 열차들이 이곳에 버려져 여행자들에게 훌륭한 포토존이 된 것. 붉게 녹슨 열차는 아무렇게나 버려지듯 방치되어 있어서 더 멋스러웠다. 여행객들은 더 이상 자유로이 달릴 수 없는 열차에 올라 사진을 찍었다.

새하얀 놀이터에서 보낸 하루

다음 행선지는 작은 기념품 가게가 많은 콜차니 마을. "흥정은 필수!"라며 로라는 처음 부른 값에 반도 안 되는 가격으로 예쁜 가방을 구매했다. 황량한 사막 위에 자리한 이 마을에선 소금을 가공하기도 했다.

또다시 방향을 전혀 알 수 없는 사막 한가운데로 지프가 달리기 시작했고, 곧이어 소금호텔에 닿았다. 호텔 앞에 세계 각국의 국기가 꽂혀 있었는데 그곳에서 태극기를 보니 반가웠다. 특이한 건 안과 밖이 모두 소금으로 된 호텔로, 생각보다 단단해서 놀라웠다. 소금탁자에 조니가 싸온 음식들이 펼쳐지고, 우리는 소금의자에 앉아 점심을 먹었다. 휴식도 잠시, 우린 또다시 지프를 타고 달렸다.

저 멀리에서부터 사막과 어울리지 않을 것 같은 산 하나가 보였다. 물고기섬은 소금사막 한가운데 낮게 솟아 있었다. 사막답게 선인장으

기차무덤은 멋스러운 포토존이다.

조심조심 올라야 했던 기차무덤, 표정은 늘 밝다!

우유니 투어에서 빼놓을 수 없는 코스, 콜차니 마을.

선인장으로 가득했던 물고기섬에서 태극기를 들고.

우유니 마을의 현지인 시장. 구경거리가 많다.

우유니 사막의 포토 스폿, BOLIVIA!

소금호텔에서의 점심.

소금호텔 앞에 꽂힌 세계 여러 나라의 국기들, 태극기도 발견!

로 빽빽한 곳, 선인장은 4미터까지 자랄 정도로 거대했다. 입장료를 내야 했고, 산까지 오르내릴 힘이 없었기에 입구에서 기념사진만 찍었다. 조니는 눈을 찌푸려 방향을 체크하더니 너른 평지를 달렸다. 멋진 풍경을 볼 수 있는 스폿을 찾아내는 것이 소금사막 가이드의 노하우.

드디어 눈앞에 믿을 수 없는 풍경이 펼쳐졌다. 구름이 낮게 깔려 있었고, 완벽한 반영을 이루며 세상에서 가장 큰 거울을 만들어냈다. 우리는 사진을 찍고, 또 찍었다. 인생 컷을 건지기에 충분한 배경이었다. 더 이상 눈에 담기지 않을 때까지 풍경 속에 온전히 머물렀다. 가슴이 먹먹해진 감동을 안고 어두워지기 전 소금사막을 빠져나왔다.

세상의 끝, 여행 최고의 감동

다음 날 오전 3시. 알람 소리에 눈을 떴다. 전날, 하루 종일 소금사막에 있었던 터라 온몸이 노곤노곤했다. 눈도 제대로 뜨지 못한 채 숙소 앞의 지프에 올랐다. 마을은 고요했다. 지프는 불빛 하나 없는 광활한 사막을 달렸다. 창밖으로 고개를 내밀었지만 날이 흐려서 별이 보이지 않았다. 환상적인 우유니 사막을 보기 위해선 날씨 운이 절대적이었다.

1시간쯤 달렸을 때, 지프가 멈춰 섰다. 밖은 아직 칠흑같이 어두웠다. 차 밖으로 나오니 발목까지 차오른 물은 얼음장 같고 공기는 지구에서 가장 깨끗하다고 여겨질 만큼 신선했다. 지프 밖은 영하의 온도로 몹시 추웠지만 조금씩 색이 번져가는 풍경을 놓칠 수 없어 연신

소금사막의 묘미는 소품을 이용해 재미있는 사진을 건질 수 있다는 것.

끝이 보이지 않는 우유니 소금사막.

서 있기만 해도 그림이 된다.

이토록 멋진 일출을 본 적이 있었던가!

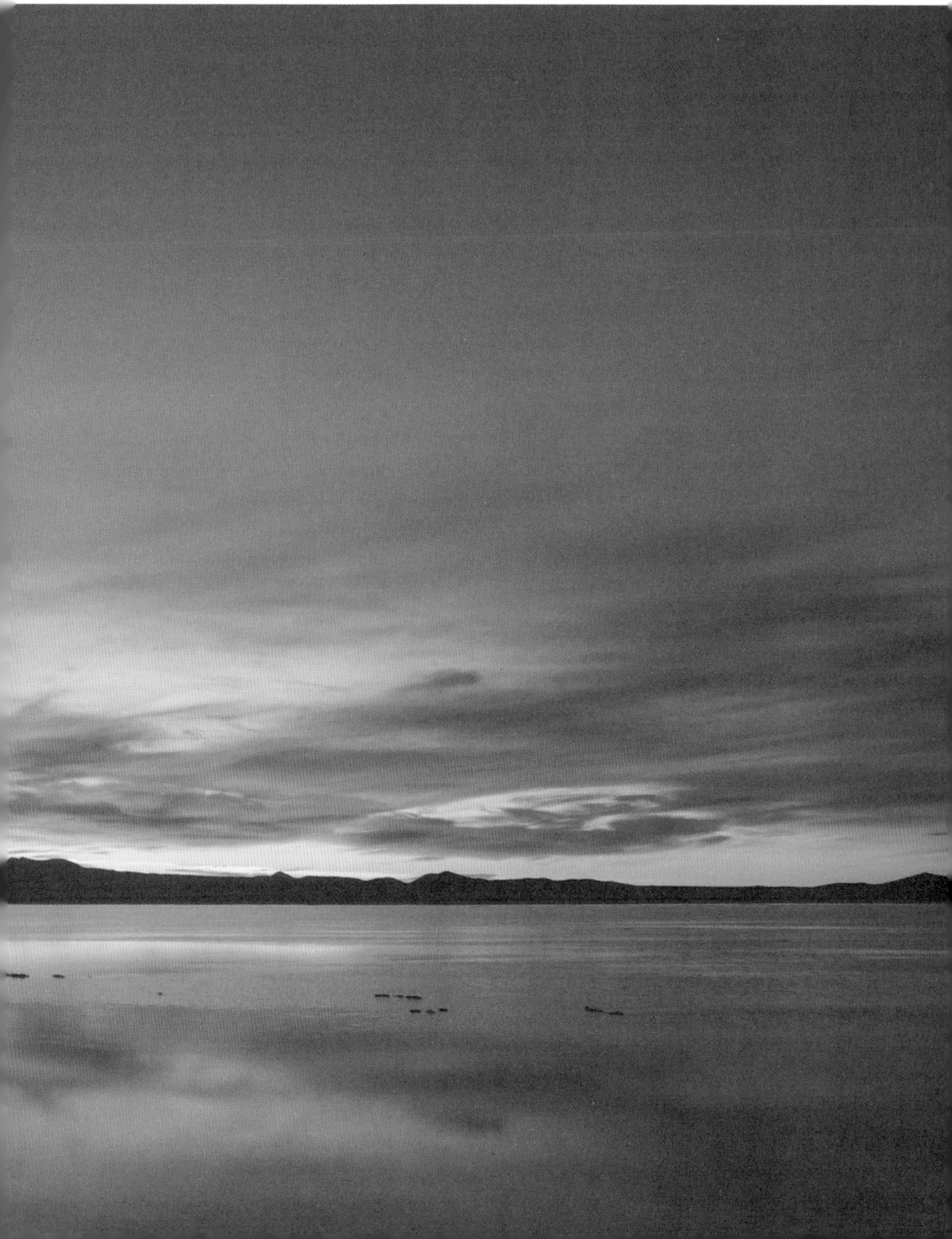

고개를 내밀었다.

초조한 마음으로 떠오르는 해를 기다리는 시간. 내 인생에 처음이자 마지막이 될지 모른다고 생각하니 소금사막을 더 많이 더 오래 기억하고 싶은 욕심이 생겼다.

어느 순간 지평선으로 붉은빛이 새어나오기 시작했다. 가장 얕은 바다 한가운데가 점점 붉게 물들어가는 우유니를 마주하니, 어느새 마음속 욕심이 가라앉고 고요함이 찾아들었다. 끝을 알 수 없는 우유니 사막은 세상에서 가장 엄숙한 곳이 되었다.

전날까지 천방지축으로 뛰어놀던 것과 달리 우리 셋은 경건한 마음으로 말없이 일출을 바라보기만 했다. 남미 여행에서 다신 만나지 못할 감동적인 순간이 눈앞에 펼쳐졌다. 세상의 끝이라고 여겨지는 곳에서 여행 최고의 감동이 흘러가고 있었다.

세女행자들님이 새로운 사진 7장을 추가했습니다
게시자 박산하 [?] 2015년 4월 9일

[남미여행_33일차] #Bolivia #Uyuni 'sunrise tour'
우유니에서의 마지막 투어. 일출을 보기 위해 새벽 4시 부터 소금사막의 밤을 살핀다. 적막해서 아름다운 순간. 5시 반쯤 해가 떠오르기 시작한다. 시시각각 변하는 우유니사막은 담담하게 모습을 드러낸다. 그렇게 시리고 고요한 우유니의 새벽을 흘러보낸다. 8시쯤 숙소로 돌아와 단잠을 자고 나니, 3일이 꿈처럼 아득해진다.

우유니 소금사막으로 가기 위해선 보통 여행사를 이용한다. 지프차를 타고 40분에서 50분 정도 달려야 소금사막을 만날 수 있어 혼자 소금사막을 여행하는 건 쉽지 않다. 게다가 투어 비용도 지프차 한 대당으로 계산하기 때문에 사람이 많이

모일수록 유리하다(최대 인원 7명). 여행사가 몰려 있는 거리에선 여행자들이 마음에 드는 여행사를 고르기 위해 서성거리는 풍경을 쉽게 볼 수 있다. 한국인에게 가장 인기 있는 여행사는 브리사와 오아시스. 특히 브리사의 가이드이자 대표인 조니가 가장 유명하다. 여행사의 노하우는 풍경의 반영이 잘 드러나는 물 찬 곳을 얼마나 잘 찾는지(끝이 보이지 않는 벌판이기에 방향을 잃을 수도 있다), 재치 있는 사진을 얼마나 잘 찍어주는지가 관건이다. 투어 프로그램은 다양하게 마련되어 있으니 취향에 맞게 선택할 수 있다. 세 여행자들은 3일 동안 선셋투어, 데이투어, 선라이즈투어 이렇게 3가지 우유니 투어를 진행했다. 자세한 내용은 아래와 같지만 시간과 가격은 여행사별로 약간의 차이가 있다. 장화 대여비까지 포함되어 있으며 대부분의 가이드들이 사진 촬영에 필요한 소품까지 준비해오기도 한다. 미리 예약할 필요는 없

다. 여행사들이 모두 근처에 모여 있으니 발품을 팔아가
며 알아보는 것이 가장 정확할 것이다.

1 선라이즈투어(Sunrise tour)

말 그대로 우유니에서 일출을 보기 위한 목적으로 태
어난 투어 프로그램이다. 일출만 보고 끝. 날씨에 따라
그마저도 못 볼 수 있으나 운이 좋다면 엄청난 풍경을 기대해
도 좋다. 새벽에 일찍 출발해야 해서 엄청 피곤하고, 가성비가 좀 떨어지는 투어다.
- **시간** 새벽 4시~오전 8시 • **가격** 1대당 700~800볼(1인당 110~140볼)

2 데이투어(Day tour)

가장 대표적인 우유니 투어 프로그램. 아침부터 오후 늦
게까지 꽤 알찬 프로그램을 자랑한다. 기차무덤, 콜차니
마을, 염전, 소금호텔, 물고기섬, 소금호수 등 우유니에
서 즐길 수 있는 모든 것을 만날 수 있음은 물론 점심
가격까지 포함되어 있다.
- **시간** 오전 10시~오후 4시 • **가격** 900볼(1인당 150볼 내외)

3 선셋투어(Sunset tour)

보통 데이투어와 붙여서 진행하는 경우가 많은데, 그럴 경우 선셋만 보고 바로 돌
아오기도 한다. 선셋투어의 백미는 해가 지고 난 다음, 별이 총총 뜨는 장면을 바라
보는 것이다. 특히 달이 떠오르기 전, 하늘을 수놓는 별무리는 세상 어디서도 볼 수

없는 장관을 선사한다. 따라서 선셋투어만 따로, 가능한 한 늦게 돌아오는 스케줄로 짜달라고 부탁하는 것이 좋다.

• **시간** 오후 4시~밤 9시 • **가격** 700~800볼(1인당 110~140볼)

4 1박 2일 투어

첫날은 데이투어 스케줄과 비슷하다. 1박 2일 투어의 백미는 소금호텔(블랑카 호텔)에서의 하룻밤이다. 우유니 사막 중심에 위치하여 일출과 석양, 야경이 장관을 이루기 때문이다. 예약할 때 반드시 숙소를 확인하고, 아닐 경우 가격 협상이라도 해야 한다. 다음 날에는 플라멩코 서식지인 투누파 화산과 어부의 섬까지 둘러보고 오후 5시쯤 복귀하는 스케줄이다. • **가격** 1인당 400~450볼

5 2박 3일 투어

칠레 아타카마로 넘어가는 사람들이 많이 이용한다. 3박 4일이나 4박 5일 등으로 여행사와 얘기해서 조정할 수도 있다. 자연재해나 파업 등으로 국경 넘기가 수월하지 않을 때가 많으니 참고할 것. 플라멩코 서식지, 호수, 온천 등 볼리비아의 기묘한 자연풍경을 실컷 구경할 수 있다. 단점은 우유니 중심이 아니기 때문에 우유니만을 기대한 사람이라면 조금 실망할 수도 있다. 당연히 모든 식사와 숙소가 포함되어 있다.

• **가격** 1인당 700~800볼

라파스
지구 반대편, 나의 시간은 흘러가지만

from 레나

30대의 우릴 닮은 도시, 라파스

도시의 혼잡함은 때때로 내게 향수 같은 것이었다. 워낙 인구밀도가 높은 도시에서 나고 자란 탓이리라. 복잡하고 어지러운 와중에도 그 안에 숨은 즐거움과 유희를 찾는 훈련이 되어 있는 것일지도 모른다. 라파스에 처음 도착했을 때 묘하게도 친근함을 느꼈다. 비 오는 첫새벽의 으슬으슬한 추위, 무거운 짐을 메고 지며 낯선 도시를 둘러보는 와중에도 그랬다. 축축하고, 시끄럽고, 번잡하고, 배고팠던 그 버스터미널에서의 아침.

일단 기운을 차려야 했기에 우리는 터미널 한편에 마련된 간이매점에 짐을 잠시 부려놓고 쉬기로 했다. 바쁜 시민들을 위해 간단한 요깃거리를 파는 매점이었다. 대략 1,000원 정도에 사발 용량의 블랙커

낯선 데다 으슬으슬 춥기까지 했던 라파스.

피와 마른 빵 하나를 먹을 수 있었다. 커피는 밍밍하고 썼지만, 언 몸을 녹이고 남을 만큼 따뜻하고 넉넉했다. 아무튼 나쁘지 않았던 기억. 여행에서의 배고픔과 추위는 지나고 보면 다 낭만으로 남는 법.

숙소도 정하지 않은 채 낯선 도시에 도착한 날엔 은근한 긴장감에 휩싸였다. 어차피 떠도는 처지인 건 마찬가지였지만, 오늘 밤 잘 곳이 정해지지 않았다는 불안감은 견디기 힘들었다. 다행히 멘도사에서 만난 호스트 히메나가 추천해준 사가르나가(Sagárnaga) 호텔에 체크인을 할 수 있었다. 밤새 버스로 이동을 했지만 숙면을 취한 덕분에 딱히 잠이 더 오지는 않았다.

"오늘 뭐 하지? 점심이나 먹으러 나갈까?"

셋이서 나란히 침대 위에 누워 가녀린 와이파이에 기대어 여가시간을 보내고 있었다. 그때 마침 우유니 투어에서 만났던 창우, 영완과 연락이 닿았다. 이들도 코차밤바(Cochabamba)에 들렀다가 아침에 막 라파스에 도착했다는 거였다.

"선배, 얘네들이 같이 점심 먹자고 하네요. 만날까?"

"오, 좋지!"

몇 시간 전에 막 도착한 새로운 도시에서 약속이 생기자 갑자기 동네가 친근해진 느낌. 우유니 데이투어를 함께했던 스물여덟 살 창우와 스물다섯 살 영완은 키가 훤칠하고 잘생긴 청년들이었다. 셋이서만 다니다가 모처럼 다른 친구들과 무리 지어 다니니 또 다른 재미가 있었다. 번잡한 라파스 시내를 누비며 우리말로 떠들고, 살테냐 등 길거리 음식을 맛보기도 했다. 좁은 택시에 다섯 명이 몸을 우겨넣고 타기도 하고, 라파스 도시 전경을 볼 수 있는 케이블카도 탔다. 아랫동네 번화가에서 신나게 볼링도 치고. 아무튼 오랜만에 현대 도시인처럼 놀았던 하루.

라파스는 참 신기한 도시였다. 해발 3,700미터 위에 자리 잡은 세상에서 제일 높은 수도. 가장 높은 지역인 엘알토(El Alto)는 아마 4,000미터가 넘는 듯했다. 인구의 50퍼센트 이상이 인디오라 전통복장을 하고 있는 원주민들을 심심찮게 만날 수 있었지만, 낮은 곳으로 내려갈수록 번쩍거리는 최신식 번화가가 펼쳐졌다. 신과 구, 높은 곳과 낮은 곳을 3볼짜리 케이블카가 간편하게 이어주는 덕분에 우리는 쉽게 이 모든 즐거움을 만끽할 수 있었다.

인구 100만이 조금 안 되는, 어찌 보면 그리 큰 도시는 아니지만 갈색 벽돌로 지은 수천, 수만 채의 집들이 사방에 가득한 가운데 웅

희귀하고 신비한 아이템이 많은 마녀시장.

볼리비아 전통의상을 입은 여인을 어디서든 볼 수 있었다.

비둘기가 가득한 라파스 만남의 장소, 무리요 광장.

라파스 케이블카 아래로 내려다보이는 도시 풍경.

라파스를 한눈에 볼 수 있는 케이블카는 꼭 타볼 것!

대한 설산이 배경을 대신하는 풍경은 가히 압도적이었다. 볼리비아의 색을 잃지 않으면서 시간의 흐름에 순응하여 변화를 담담하게 받아들이는 변화한 도시. 라파스에서 우리가 충분히 즐거웠던 까닭은, 이 도시가 우리 모습과 많이 닮아 있어서였을 것이다. 30대란 그런 나이가 아닌가. 30여 년간 쌓아온 나 자신의 정체성이 굳어져가는 나이, 그러나 아직도 뭔가 새로운 것을 열망하게 되는 나이. 케이블카로 라파스라는 도시 위를 날아다니며 높고 낮은 곳을 두루 돌아보는 시간, 우리는 즐겁고 편안했다.

두근대는 심장, 지구는 우릴 중심으로 돈다

전날 밤새 버스로 이동하고, 하루 종일 도시 곳곳을 쏘다니며 열심히 놀았더니 하루가 끝날 즈음에는 거의 기진한 상태가 되었다. 다음 날엔 결국 사나가 탈이 났다. 우리 셋 중 체력 좋기로 자부하는 그녀였지만, 가끔 크게 탈이 나곤 했다. 게다가 베드버그(빈대)에 물렸는지 가려움증에 밤새 잠도 자지 못했단다. 장기 여행에 마음도 지치고 몸도 그 지경이니 이래저래 힘든 모양이었다. 결국 사나를 호텔에 남겨두고 로라와 둘이서 '달의 계곡'에 다녀왔다. 희한한 기암괴석이 가득한 곳인데 콜렉티보 버스를 타고 30분 정도 이동하면 갈 수 있었다.

저녁때는 '데스로드' 투어를 다녀온 창우, 영완과 다시 만났다. 중국집에서 거하게 한 상 시켜 먹고, 펍에 가서 한잔하기로 했다. 영완

마치 모르는 행성을 산책하는 것 같았던 달의 계곡.

은 한국에 돌아가는 대로 은행원으로 취직할 거라고 했다. 유학을 마친 창우는 남미, 유럽 여행까지 실컷 즐긴 뒤에야 한국에 들어갈 예정. 하반기 채용에 도전하고 서른이 되기 전에 결혼하고 싶다는 포부를 밝혔다.

그들에게 서른은 얼마나 대단한 나이인 걸까. '서른이 되기 전에'라는 기준으로 평생에 남을 거창한 여행도 해야 하고, 더 늦기 전에 결혼도 해야 하고, 남들에게 자랑할 만한 좋은 직장에 취직도 해야 하는 청춘들. 서른이 넘고 나면 그 모든 것이 아무 의미 없는 양. 잘 다니던 직장도 때려치우고 떠나온 우리가 그들에게 어떻게 보였을까 생각하니 슬며시 웃음이 났다.

"누나는 불안하지 않아요?"

영완의 질문에 로라가 대답했다.

"왜 안 불안하겠어. 불안하다고 해서 할 수 있는 걸 안 하는 건 아닌 것 같아. 돌아가면 다 어떻게든 되니까."

세상살이가 늘 계획한 대로 되는 것만은 아니라는 걸, 어떤 일을 하기에 세상이 정해놓은 시간은 아무 의미가 없다는 걸, 그들도 언젠가는 깨닫게 되겠지. 한국에 돌아간 후 어떤 삶이 시작되든, 그들에게나 우리에게나 이 시간이 죽을 때까지 빛나는 추억이 될 거란 것만큼은 분명하리라.

모히또 한 잔에 얼큰하게 취해서 펍을 나왔다. 사가르나가 거리의 가파른 경사길 저편으로 하늘 끝까지 차오른 카사(casa, 집)들이 아름답게 반짝이고 있었다. 각자 삶을 살고 있는 사람들의 일상이 빛나고 있는 것 같아 뭉클했다. 지구 반대편, 내가 살던 세상의 시간도 변함없이 흘러가고 있을 텐데⋯⋯. 나는 지금 이곳에, 라파스의 젖은 밤골목에 기대어 서 있구나.

그 순간 지구 위의 모든 시간과 공간이 나를 중심으로 휘감아 돌아가기 시작했다. 내가 어찌 그 순간을 잊을 수 있을까. 별처럼 빛나는 카사들과 그 빛 속에서 살아가는 사람들, 촉촉이 물기를 머금은 거리와 매연이 약간 섞인 선뜻한 공기, 나의 숨소리와 친구들의 목소리⋯⋯. 그 모든 것들이 백만 가지 감각으로 나를 휩싸는 듯했다.

내 심장이 미친 듯이 두근거리기 시작한 것도 그때였다. 라파스 밤골목의 이 풍경을 나는 죽을 때까지 잊지 못할 것이라는, 그런 벅차오르는 예감 때문이었다.

세女행자들님이 새로운 사진 6장을 추가했습니다
2015년 4월 11일

[남미여행 35일차] #Bolivia #Lapaz
라파스는 어떤 도시로 기억에 남게 될까.
비오다 흐리다를 반복했던 우울한 날씨. 한뼘의 여유도 없이 다닥다닥 산맥의 능선을 빼곡히 채웠던 수백만 까사들, 어깨와 무릎을 부딪히며 좁은 오르막길을 힘겹게 오르던 미니버스. 그 모든 풍경을 영화처럼 바라보게 했던 500원짜리 케이블카. 잠시 다른 세상에 다녀온듯 기묘하고 놀라웠던 Velle de la luna. 함께 시간을 보내며 즐거웠던, 그러나 나름의 고민을 안고살던, 그래서 더 아름다웠던 이십대 청춘을. 모처럼 한잔에 얼근히 취해 바라봤던 노란 가로등불빛에 비친 라파스 밤골목의 우수.
그중 무엇이든, 아, 난 벌써부터 라파스가 그리워질 것 같다.

가슴 벅차오르던 순간에 걸었던 라파스의 늦은 밤 골목.

코파카바나
세상에서 가장 아름다운 트레킹

from 레나

여행지에서 배운 인생의 법칙

마치 습관처럼, 가끔은 왜인지 모를 의무감으로 떠났던 수많은 여행들을 기억한다. 행복하기 위해, 삶의 쉼표를 위해 우리는 떠나지만 세상의 모든 여행이 마냥 행복하기만 한 것은 아니다. 예상치 못한 변수로 난감한 상황에 처하기도 하고, 여독이 쌓인 나머지 '왜 집 떠나와 이 고생인지'라는 풀리지 않는 난제에 휩싸이기도 한다.

눈부신 햇빛을 머금은 아름다운 호수 티티카카를 기대하며 코파카바나에 도착했을 때는 이미 여행의 절반이 지난 무렵이었다. 우유니 소금호수의 거대한 감동에서 벗어난 지도 얼마 되지 않았고, 연이어 고산지대를 여행하는 일이 녹록지 않았음은 물론이다. 지친 우리를 반기는 것은 티티카카 호수의 맑고 청명한 아름다움도, 따뜻하고 소

신비로운 푸른빛이 아름다운 티티카카 호수.

박한 인심도 아니었다. 코파카바나는 철저하게 관광사업으로 먹고
사는 상업화된 도시였고, 그래서 물가도 비쌌다. 고산지대의 비 오는
새벽은 뼈가 아리는 추위를 선사해주었다. 패딩에 수면양말까지 껴
입고 침낭을 머리끝까지 뒤집어써도 왠지 모를 오한에 웅크리고 자
느라 뒷목이 뻣뻣했다.

　장마처럼 비가 쏟아지는 통에 태양의 섬(Isla del Sol) 트레킹 날짜를
자꾸만 뒤로 미루었다. 그랬다. 우리의 여행은 지지부진했다. 장기 여
행의 부작용일까. 티티카카 호수에 왔으니 태양의 섬에 들어가봐야
하고, 볼리비아 글자가 박힌 기념품도 하나 장만해야 하는, 반쯤은 의
무감으로 움직이는 여행.
　여행이고 인생이고, 사람은 관성에서 벗어나기가 쉽지 않은 것 같
다. 일상의 매너리즘에서 벗어나기 위해 지구 반대편으로 날아왔는
데, 이곳에서도 하루는 똑같이 흘러간다. 내가 가만히 있으면 아무것
도 변하지 않는다. 자리에서 일어나 움직이고, 타인에게 먼저 말을
걸지 않으면 아무 일도 일어나지 않는다. 그러고 보면 그건 내 일상
에서나 여행지에서나 똑같이 통용되는 법칙인가 보다.

　하룻밤 5,000원짜리 꿉꿉한 게스트하우스에서 머물다가 아무래도
기분전환이 필요할 것 같아 숙소를 좀 더 좋은 곳으로 바꾸었다. 호
수가 내려다보이는 테라스가 있는 방이었다. 투루차(송어)와 맥주를

마시며 큰 소리로 웃어도 보았다. 그래도 뭔가 침체되는 기분을 어찌할 수가 없었다.

그렇게 미루던 트레킹을 결국 하기로 했다. 그냥 건너뛰고 다른 도시로 갈까 잠시 고민도 했지만, 그랬다간 티티카카 호수가 정말 아무것도 아니게 될 것 같았다. 셋이 나란히 비옷을 뒤집어쓰고 후지고 축축한 모터 배에 몸을 실었다. 2시간을 통통거리며 거대한 호수 위를 달렸다. 보트의 알량한 유리창은 쏟아지는 비를 주체 못해 그대로 빗줄기를 내게 토해냈다. 어느새 속옷까지 다 젖어 기분은 불쾌하기 그지없었다. 이쯤 되면, '내가 지구 반대편 고산지대까지 기어올라와 이게 무슨 고생이지?' 하는 생각이 들 법했다.

그런데 섬에 도착하자 거짓말처럼 해가 비쳤다. 누군가가 손으로 구름을 가르고 햇빛을 한 줌 쥐어 솔솔 뿌려주는 것처럼. 배에서 내려 햇볕을 쬐고 있자니 이곳에 태양신이 강림했다고 믿은 잉카인들

의 마음이 이해되었다. 사람의 마음이란 참으로 얄궂었다. 금세 기분
이 좋아지고 발걸음도 가벼워졌다. 태양신이시여, 감사합니다. 경배
라도 드리고 싶은 기분.

태양신을 모시던 잉카인들은 해발 4,000미터 위에 있는 티티카카
호수, 그 가운데 자리 잡은 이 섬에 처음으로 신이 내려왔다고 믿었
단다. 그래서 섬 이곳저곳에서 잉카 유적지의 흔적을 발견할 수 있는
데, 굳이 그 유적지가 아니라도 섬에 발을 딛자마자 절로 태양에 대
한 경외심이 샘솟는 걸 보면 어쩜 사실일지도 모르겠다. 감사 인사가
효과를 발휘한 걸까. 아니면 원래 그런 걸까. 섬에 도착한 순간부터
우리가 섬을 떠나는 순간까지 태양신의 가호가 있었으니.

오르막길은 이제 하나도 힘들지 않아

태양의 섬 트레킹은 북쪽 항구에서 시작해 남쪽 항구로 이어지는
섬 가운데 길을 걷는 코스와 해변가 코스, 두 가지가 있었다. 우리는
가운데 길을 선택했다. 크고 작은 돌을 가장자리에 박아넣은 소박하
고 예쁜 길이 오르막 내리막으로 내내 이어졌다.

이토록 맑고 청명한 햇빛, 지친 심신을 달래주는 신선한 바람, 손
을 내밀면 닿을 것같이 성큼 다가온 푸른 하늘. 우리는 트레킹을 시
작할 때부터 연신 감탄을 쏟아냈다. 섬의 한가운데 가장 높은 지대를
걷노라니 양쪽으로 티티카카 호수의 푸른 절경이 펼쳐졌다. 북에서

잊을 수 없는 환상적인 태양의 섬 트레킹.

평생 잊을 수 없는 환상적인 맛, 라자냐.

태양의 섬의 유유자적한 풍경, 마음마저 고요해진다.

티티카카 호수는 정오의 하늘을 그대로 담아 빛났다.

남으로 향하는 코스 덕에 해를 등 뒤에 업을 수 있었다. 따라서 이날의 햇볕은 따가움보다 포근함에 가까웠다. 나무 그늘이 적었으나 아쉽지 않았던 건 낮게 떠 있는 구름이 그늘 노릇을 톡톡히 해주었던 까닭이었다. 세상에, 해를 등에 업고, 호수를 옆에 낀 채, 구름과 함께 걷는 트레킹이라니!

숨을 크게 들이마셨다. 노래를 흥얼거렸다. 두 팔을 활짝 펼쳐보기도 하고 마치 구름이 손에 닿을 것 같아 높이 점프해보기도 했다. 이 아름다운 트레킹을 할 수 있게 해준 두 다리에 감사했다. 원래 나는 그리 긍정적이고 밝은 사람이 못 되었다. 어렸을 때부터 그랬다. 어리고 약했고, 차별에 쉽게 상처받았으며, 기가 세지 못해 금방 주눅들었다. 주위 어른들은 삶을 즐기기보다 생존만으로 버거워했고, 그래서 어린 내게도 삶은 무겁고 거대한 것이었다.

회색빛 콘크리트 주택이 다닥다닥 붙어 있었던 산동네. 매일 학교에 오가기 위해 오르내렸던 서른다섯 개의 계단을 기억한다. 여덟 살, 내 키는 1미터가 조금 넘었고, 그런 내게 높이며 모양이 제각각인 가파른 계단은 저 하늘 끝에 닿아 있는 것처럼 보였었다. 응차, 하고 발을 딛고 계단 하나를 올라설 때마다 20킬로그램도 채 나가지 않는 내 체중이 무겁게 느껴졌다. 하나하나 그 무게를 견디며 계단을 밟고 올라서는 일, 지금 생각하면 그것은 꼭 나이를 먹는 일과 같았다. 어렸을 때는 한 살, 한 살 먹는 일이 그렇게 더디고 힘들었는데,

노새들이 풀을 뜯는 푸른 초원이 사방에 펼쳐져 있었다.

우연히 발견한 멋진 노천카페. 차도 느릿느릿 나온다.

태양의 섬에서 한적하게 노니는 양.

트레킹을 하며 마주쳤던 평화로운 풍경들.

어느새 서른다섯 개의 계단을 성큼성큼 올라와 나는 30대 중반을 살아가고 있는 중이었다. 다리에 힘이 붙고 보폭이 넓어졌다. 1년이 아무렇지도 않게 그냥 흘러가는 것을 멍하니 바라보며 두 손을 놓고 있을 때도 있었다. 이제 더 이상 계단을 오르는 일이 힘겹지 않은 건 여행의 힘으로 그 무게를 덜어내는 요령을 터득한 덕분이리라.

어른으로 사는 일이 혼란스러웠던 스무 살 때 무작정 인도로 떠났고, 태어나서 처음으로 실연을 당한 스물네 살 때 야간열차에 몸을 싣고 여수 밤바다로 향했다. 신혼여행을 동남아 배낭여행으로 정하고 신랑과 정글 트레킹을 하기도 했다. 하루아침에 회사에서 잘려 오도 가도 못하는 신세가 되었을 때 함께 해고당한 동료들과 꽃동네에 들어가 봉사활동을 하고 부산 여행을 다녀왔다. 그리고 그 동료들은 둘도 없는 여행친구가 되어 지금, 지구 반대편 남미라는 땅에서 나와 함께 걷고 있다!

왠지 모를 뭉클한 기분에 눈물이 핑 돌았다. 오르막길이 그래서 하나도 힘들지 않았다.

엽서 속 풍경 속으로 스며들기

태양의 섬을 걷다보면 이런저런 엽서 같은 풍경과 마주할 수 있었다. 잉카 유적을 의자 삼아 걸터앉은 원주민 할머니. 기다란 모자에 알록달록 풍성한 치마와 구두까지 전통복장을 갖춰 입은 옆모습에서 왠지 모를 위엄이 느껴졌다. 차가 다닐 수 없는 섬에서는 노새가 주요

물자 운반책이었다. 그래서 섬 이곳저곳 풀을 뜯는 노새들과 만날 수 있었는데, 왜일까, 노새는 마치 슬픈 노총각의 영혼이 깃든 것 같은 눈빛을 하고 있었다. 나도 모르게 마음이 처연해져 한참을 바라보곤 했다.

수십 마리의 양 떼를 몰고 다니는 양치기 소년을 만났을 때는 나도 모르게 "와아……" 하고 소리를 지르고 말았다. 완만한 경사로 이어지는 잔디밭 위, 푸른 하늘과 호수를 배경으로 천천히 뭉게구름같이 움직이던 양 떼는 그 자체로 장관이었다. 엽서 속 풍경이 3차원으로 재현된 듯한 느낌이랄까. 작은 막대기를 손에 들고 양들 사이에 멀거니 서 있던 양치기 소년과 눈이 마주치자 우리는 신이 나서 인사를 건넸다. 올라!

"Hola!"

소년이 대답했다. 마치 예술작품이 대답을 해주는 것 같았다. 심장이 두근거렸다. 또 말을 걸어보았다.

"¿Vives aqui?" (너 여기서 사니?)

"Si." (네.)

"¿Cuántos años tienes?" (몇 살이니?)

"Ocho." (여덟 살이요.)

"Si. Mucho gusto." (그렇구나. 만나서 반가워.)

내가 아는 스페인어를 총동원한 대화였다. 그때 소년이 중얼거리듯 무슨 말인가를 했는데, 내 귀에 들린 한마디 중 단어 하나가 뒤통

수를 세게 때렸다.

"#$%#^\$^ come."

코메…… '먹다'라는 의미의 동사. 그러니까 그 아이가 했을 말을 유추하면 "먹을 거나 있으면 좀 줘요" 내지는 "먹을 거 뭐 있어요?" 그런 얘기지 않았을까. 엽서 속 그림이라며 감탄하던 내 주책없는 낭만적 생각이 '코메'라는 단어 앞에서 더없이 부끄러워졌다.

" ¿Hambres?"(배고프니?)

"Si."(네.)

"Hay un pan."(빵이 하나 있어.)

"Si."(좋아요.)

빵 하나를 얻기 위해 가까이 다가온 그 애는 더 이상 순수하고 아름다운 양치기 소년도, 엽서 속 아름다운 그림의 주인공도 아니었다.

고된 노동에 지치고 배고픔에 굶주린 그냥 여덟 살짜리 아이였다. 작은 옷을 끼어 입었고, 얼굴엔 때가 꼬질꼬질했다. 그러나 아이는 3차원의 실질적 존재로 내 눈앞에 서 있었다. 빵을 아이 손에 쥐여주며 물었다.

"¿Como te llama?" (이름이 뭐니?)

"Juan." (후안이요.)

"Somos Coreanas. ¿Conoce Corea?" (우린 한국인이야. 한국 알아?)

"Si." (네.)

아이는 수줍어했다. 그 모습이 여느 여덟 살짜리 아이들이랑 다르지 않아 귀여웠다.

챠우. 인사를 하고 아이와 헤어졌다. 아이는 다시 노동의 시간으로, 우리는 트레킹을 계속 이어가야 할 것이었다. 얼마간 걷다 뒤돌아보니 아이는 양 떼들에게 돌아가지 않고 그 자리에 서서 우리의 뒷모습을 계속 바라보고 있었다.

후안은 무슨 생각을 하고 있었을까. 희귀한 아시아인을 만난 것에 대한 신기함? 잠깐이나마 고된 노동을 잊을 수 있었던 데 대한 감사함? 어쩌면 고작 빵 하나에 대한 실망감? 난 정말 모르겠다. 감히 연민도 동정도 할 수 없었다. 아이는 아이의 삶을, 나는 나의 삶을 살아갈 뿐.

세상에 우열을 가릴 수 있는 삶이란 없다는 것을, 우리는 여행을 하면서 새삼 배울 수 있었다. 다 똑같은 삶만 존재하는 게 아니라는 것을. 재벌도, 상인도, 거지도, 양치기 소년도 다 제 몫만큼의 행복과 눈물을 간직하고 있다는 것을. 가끔 가다 만나면 그저 인사하고 지나치면 그뿐, 어쭙잖은 연민이나 동경이 무슨 소용이랴.

그렇게 세 명의 30대 여자들은 눈앞에 나 있는 길을 따라 뚜벅뚜벅 걸어갔다.

 세女행자들님이 새로운 사진 10장을 추가했습니다.
2015년 4월 15일 ·

[남미여행 38일차] #Bolivia #Isladelsol 태양의 섬

호숫가에선 밤마다 바람이 불고 비가 왔다. 매일 아침 한기와 습기를 느끼며 잠을 깨곤 했다. 아무것도 하고 싶지 않게 만드는 추위였다. 장기여행의 피로와 날씨 탓을 하며 우리는 태양의 섬으로 들어가는 날짜를 자꾸만 미루었고 결국 더 미룰 수 없는 시간이 다가왔다.

이날도 아침부터 비가 주룩주룩. 세쌍둥이처럼 똑같은 비옷을 입고 어이없게 작은 통통배를 타고 태양의섬에 입성. 다행히 배에서 내리기 전에 비는 그쳤고 언제 그랬냐는 듯 해가 비쳤다. 이곳에 태양신이 강림했다고, 잉카인들이 믿을만 했다. 해발 4000m의 고도. 그 어느 곳보다 태양과 가까이에 존재하는 땅. 이토록 맑고 청명한 햇빛이라니. 이토록 깨끗하고 아름다운 하늘이라니. 태양을 등에 업고, 티티카카호수를 옆에 낀 채, 구름과 함께 걷는 길. 이 그림 같은 풍경이 엽서 속에 존재하는 게 아니라 내가 발을 디디고 만지고 냄새맡을 수 있다는 사실에 벅찼다.

태양의 섬 트레킹을 반드시 해야하는 이유를, 우린 백가지쯤 댈 수 있을 것 같았다. 구름이 손끝에 닿아서 호수가 파래서 햇빛이 눈부셔서 바람이 상쾌해서 그리고 내 곁에 좋은 친구들이 있어서.

서른두 살. 만 나이로 따져도 서른 살. 한국에서는 결코 적지 않은 나이다. 서른 해를 살아오면서 평소 입버릇처럼 하던 말이 있다.

"남들 하는 건 다 해봐야 해!"

남들 쉴 때 쉬고, 친구들과 좋은 식당에서 밥도 먹고, 휴가 기간엔 최선을 다해 놀고……. 그래야 억울하지 않다고 생각했다. 그것만이 열심히 산 보상을 받는 거라고. 그러나 결국 그 말이 부메랑이 되어 돌아왔다. 아무리 악착같이 살아도 결국은 남들 사는 만큼, 딱 그만큼만.

해가 갈수록 나이는 먹어가고, 회사에서 책임은 더욱 무거워졌다. 스스로 행복하지 않다는 것을 알고 있었지만, 남들도 다 그렇게 사니까 어쩔 수 없다고 생각했다. 그저 가끔 좋은 사람들과 만나 한잔 술에 시름을 털어버리면 그만. 선배들과의 술자리에서 내가 바랐던 건 딱 그 정도였는데.

"우리 세계여행 가자!"

"회사 다니다가 결혼하고 애 낳고 살겠지. 몇 달 여행 다녀온다고 해서 삶의 방향이 크게 달라지진 않아. 여행 다녀와서 다시 회사 다니다가 결혼하고 애 낳겠지. 그런데 죽기 전에 삶을 돌아봤을 때 여행을 다녀온 게 행복할까, 지금처럼 죽을 둥 살 둥 일만 한 게 더 행복할까?"

선배들의 말이 가슴을 후벼팠다. 그즈음 나는 너무도 힘겨운 회사 생활에 소진될 대로 소진되어 먼지가 되어버린 것 같았다. 나를 믿고 스카우트해주신 대표님을 생각해도, 이제 본격적인 커리어를 쌓아야 할 내 나이를 생각해도 안 될 말이긴 한데, 결국 나는 행복해지고 싶었다. 늙어서 꼬부랑 할머니가 될 때까지 기다리는 게 아니라 지금, 당장!

선배들의 부추김(?) 때문이라고 책임을 전가하긴 했지만, 결국 결정은 내가 한 것이다. 무려 서른두 살에, 잘 다니던 회사를 그만두고, 3개월씩이나 배낭여행을 떠나다니. 30대 여자가, 그것도 위험한 남미를, 말도 통하지 않는 그 큰 대륙을. 아무튼 난 수많은 우려 속에서도 지구 반대편의 곳곳을 누볐다. 늘 남들 살던 대로만 살아왔던 평범한 직장인이었던 내가 말이다. 비행기를 타고 서른 시간을 넘게 날아가는 동안 해가 지고, 다시 떴다. 그러나 다시 떠오른 태양은 더 이상 예전의 그것이 아니었다. 새로운 태양 아래서 나 또한 더없이 새로워졌다.

한국에서는 내가 해야 하는 일, 남들이 내게 원하는 일에 신경을 곤두세웠다면, 남미에서는 달랐다. 내가 바라는 것, 원하는 것, 하고 싶은 것에 모든 신경을 집중했다. 모든 결정과 행동의 가장 중요한 기준은 '나의 행복'이었다. 내가 나의 행복을 위해 적극적으로, 그리고 의도적으로 뭔가를 한 적이 이전에도 있었나. 다행히 선배들은 이토록 막무가내인 후배의 행복을 채워주기 위해 물심양면 도와주었다.

"나, 아이스크림 먹고 싶어!"

"그래그래, 먹고 싶으면 먹어야지."

"나 마사지 받을래."

"그래, 받으러 가자."

매일매일이 신났다. 그것만으로도 나는 나에게 큰 선물을 해준 것만 같았다. 더 열심히 살아갈 힘이 났다. 농담 삼아 "행복은 졸라 멀리 있는 거였다"며 투덜댔지만, 이제는 안다. 행복하기란 생각보다 쉬운 일이라는 걸. 어쩌면 난 여행을 통해 좀 더 근사한 어른이 되어가는지도 모른다.

미리 말해두지만, 우리는 매우 평범한 현대의 도시 여성
들이다. 우린 평소에도 카페나 술집에서 시간을 보내
곤 했다. 그러니까 딱히 자연을 사랑한다고 생각한
적도, 산이 좋아서 등산을 즐겨한 적도 없다는 것
을 밝혀둔다. 남미에 가기로 결심했을 때 우리를 감
탄하게 할 아름다운 풍경들에 대하여 많은 기대를 했
지만, 그것을 보기 위해 겪어내야 할 과정에 대해서는 미리
생각지 못했던 것도 사실이다. 즉 전혀 준비되지 않은 우리같이 평범한 여행자들이
다 해낸 트레킹이란 점을 감안해주시길. 물론 하나하나 트레킹 미션을 수행할 때마
다 후회를 하고 이를 갈곤 했지만, 그만한 가치가 있는 풍경들이었다. 자, 그럼 여
기서 공개하겠다. 세 여행자들이 직접 다녀온, 추천 트레킹 코스 5!

1 아르헨티나 칼라파테 빅아이스 트레킹

칼라파테를 찾는 대부분의 관광객들은 페리토 모레노
빙하를 보기 위해 모여든다 해도 과언이 아니다.
어마어마한 규모의 빙하를 제대로 즐길 수 있는
방법은 역시나 트레킹이었다. 체력이 약한 이들
에게는 1시간 남짓의 미니 트레킹을 권하지만,
끝없이 펼쳐진 빙하의 매력을 깊이 감상하고 싶다

면 역시 빅아이스 트레킹이다. 아이젠을 신고 4시간을 걸어야 하는 트레킹 코스는 결코 쉬운 길은 아니지만, 일생에 단 한 번 빙하 위에 서보는 경험은 무엇과도 바꿀 수 없는 짜릿함을 선사할 것이다.

• **난이도** ★★★★ 아이젠을 신고 얼음 위를 걸을 때는 평소 쓰지 않던 근육을 쓰게 된다. • **예약 및 정보** www.hieloyaventura.com • **가격** 3,100페소(셔틀 포함, 점심, 국립공원 입장료 미포함)

2 아르헨티나 엘 찰텐 피츠로이 트레킹

파타고니아의 장엄한 자연을 상징하는 곳, 엘 찰텐의 피츠로이 봉이다. 역시나 쉬운 코스는 아니었으나 너무도 아름다운 경치에 힘든 줄도 몰랐다. 매점이나 산장이 따로 없으니 물과 도시락, 초콜릿 등의 간식은 미리 준비하는 것이 좋다. 목적지인 카프리 호수에 닿기 전 10분의 1 구간은 말도 안 되는 오르막길이 이어지니 각오할 것. 그 고통을 이겨낸 후 이윽고 펼쳐지는 피츠로이 봉의 절경은 그야말로 환상적이다.

• **난이도** ★★★☆ 전반적으로 기분 좋은 트레킹 코스. 마지막 마의 구간만 빼고.

• **가격** 별도의 입장료 없음. • **홈페이지** www.elchalten.com

3 칠레 푸콘 화산 트레킹

화산지대로 이루어진 작은 마을 푸콘. 꼭대기에서 연기를 폴폴 뿜어대는 화산을 멀리서 봤을 때는 미처 예상하지 못했다, 화산은 보통 산이 아니라는 것을. 뜨거운 용암을 품고 있는 화산에 울창한 나무 숲이 있을 리 없었다. 검은 화산재로 이뤄진 오르막길은 걸을 때마다 먼지를 뿜어댄다. 힘들지만 화산 위의 풍경은 말로 설명 못할 감동을 안겨준다.

- **난이도** ★★★★★ 뜨겁고 가파르고 숨 막히고…… 아무튼 힘들다!
- **가격** 약 7,000칠레 페소
- **예약 및 정보** www.solynievepucon.com

4 페루 태양의 섬 트레킹

페루 코파카바나 항구에서 2시간 배를 타고 들어가면 만날 수 있는 작고 예쁜 섬. 티티카카 호수를 제대로 즐기고 싶다면 반드시 이곳에서 1박을 하기를 권한다. 경사가 심하지 않고, 길은 하나로 나 있다. 전통적인 삶의 방식을 고수하는 잉카의 후손들의 삶터를 바라보며 묵묵히 걷다보면, '아, 이게 진짜 여행이구나' 하는 생각에 가슴이 먹먹해지는 순간이 온다.

- **난이도** ★★☆ 슬렁슬렁 4시간이면 충분. 해발고도 4,000m이므로 고산병 조심!
- **가격** 마을 입장료 5솔, 유적지 입장료 15솔

5 페루 와라즈 69호수 트레킹

이 트레킹을 하기로 결심했을 때 온갖 무시무시한 소리를 들었다. 가다가 죽은 사

람이 있다는 흉흉한 소문까지도! 해발 4,600m라는 어마어마한

고산지대는 지면과 비교했을 때 산소가 60%밖에 안

된다니. 게다가 가파른 경사 구간도 많았다. 투어

프로그램을 이용하면 가이드가 산소통을 메고 안

전을 보장해준다. 그렇게 만난 비현실적인 아름

다움은 꽤 눈물겹다.

• 난이도 ★★★★☆ 다섯 걸음마다 미친 듯이 숨을
  몰아쉬어야 하는 고통!

• 가격 40솔 내외

Chapter 4

Peru

여행자를 위한 여행자의 천국, 페루

볼리비아로부터 페루까지 이어지는 고산지대의 하늘을,

우리는 아주 오랫동안 잊을 수 없을 것 같았다.

시리도록 푸른 하늘 아래 여행자들의 천국은 계속되었다.

어린아이처럼 소리 지르고 놀았던 와카치나의 환상적인 사막,

잉카인들의 독특한 문화와 흥겨운 리듬으로 가득한 쿠스코,

남미 여행의 화룡점정 마추픽추까지······.

문득 장기 여행의 피로가 덮칠 때면 서로를 바라봤다.

그래, 우리는 여행 중이지.

낯선 땅 위에 선 나, 그리고 우리.

아주 귀한 시간을 보내고 있는 중이다. 우린.

쿠스코
여행자를 격하게 환영해준 도시

from 레나

지친 여행자들을 위한 고마운 오지랖

새벽 5시. 야간버스에 불이 켜졌다. 여기저기 몸이 쑤셨지만 졸음
은 이내 떨쳐지지가 않았다. 1시간만 늦게 도착하지⋯⋯. 칭얼거리
고 싶은 심정. 하지만 짐을 챙기느라 사방에서 들려오는 부스럭거리
는 소리에 계속 눈을 감고 있기란 쉽지 않았다. 하는 수 없이 기지개
를 켜며 꿀잠 자는 동생들을 깨웠다.

"페루다, 페루! 일어나."

졸린 눈을 비비며 주섬주섬 짐을 챙기는 사나와 로라. 누굴 닮았는
지 우린 모두 언제 어디서나 한결같이 잘 잔다. 버스에서 내리는데
훅 엄습해오는 한기에 나도 모르게 움츠러들었다. 새로운 도시를 만
나는 일은 무척이나 설레고 기대되는 것이었지만, 동시에 두려움을

밤의 아르마스 광장, 여행자를 위한 쿠스코 대표 스폿.

동반하기도 했다. 한 번도 와본 적 없는 곳에 발을 디딘다는 건 어떤 표정으로 나를 맞을지 가늠조차 안 되는 낯선 누군가를 떨리는 마음으로 찾아가는 기분과 같았다. 게다가 이렇게 해도 뜨지 않은 새벽에 도착할 때면 더더욱 그랬다. 밤새 지친 몸에 몽롱한 정신, 춥고 배고프고 짐은 무겁고……. 준비성 없기로도 한결같은 여자 셋은 숙소나 계획조차 아무것도 갖고 있지 않아서 멍하니 버스터미널에 앉아 해가 뜨기만을 기다렸다.

　그런 우리에게 접근하는 한 남자가 있었으니. 가끔은 누군가의 오지랖이 간절한 순간이 있는데, 이때가 바로 그랬다.

"We have a double room and triple room. Very cheap."

양복을 차려입은 친근한 인상의 페루 아저씨였다. 아무리 영업을 위해서라지만, 새벽 5시에 버스터미널까지 몸소 손님을 찾아오는 근성이라니. 게다가 1인당 15솔이라는 저렴한 가격까지. 일단 피곤한 몸을 누일 곳이 필요했던 우리는 깐깐한 소비자의 가면을 버린 지 오래였다. 오케이. 바모스!(Vamos. 가자!)

따라오라기에 차로 태워다줄 줄 알았더니 알아서 택시 타고 오라며 먼저 가버린 건 함정. 뭐 아무튼 멀진 않았으니까. 택시가 우리를 데려다 놓은 곳은 겉으로 봐서는 절대로 게스트하우스인지 알 수 없는 좁은 골목의 가옥이었다. 어두워서 구분하기도 어려웠던 터라 일단 방을 배정받고 잠부터 잤다. 체크인은 좀 자고 일어나서 환전한 다음에 하기로 했다.

오래된 도시, 쿠스코의 풍경.

얼마나 잤을까. 나무 창문에서 한줄기 빛이 새어들어왔다. 시계를 보니 9시가 조금 넘은 시간. 서너 시간 잤나 보다. 창문을 활짝 열어 젖히니 눈부신 아침 햇살에 정신이 번쩍 들었다. 창밖으로 펼쳐지는 푸른 하늘과 붉은 지붕들의 강렬한 대비. 페루 쿠스코의 첫인상이었다. 1층에 내려가 터미널에서 추위에 떨던 30대 소녀(?)들을 구해준 은혜에 감사드렸다. 물론 "그라시아스"라는 함축적인 단어로.

이 도시가 우릴 환영하고 있어

국경을 넘을 때마다 처음부터 다시 시작하는 기분이 되곤 했다. 페루라는 새로운 국가, 쿠스코라는 새로운 도시, 늘 헷갈리는 새로운 화폐. 맞다, 우리 수중엔 돈이 없었다. 숙박비도 내고, 주린 배라도 채우려면 환전이 가장 시급했다. 오후에 셈을 치르겠다고 아저씨와 약속한 후 숙소를 나섰다.

쿠스코 시내의 중심에는 역시 아르마스 광장이 있었다. 남미엔 대체 얼마나 많은 아르마스 광장이 존재하는 걸까. 그러나 역시 쿠스코였다. 이처럼 고풍스럽고 아름다운 광장이라니! 고산지대 특유의 푸른 하늘과 잉카문명이 그대로 녹아든 건축양식으로 아르마스 광장의 매력은 한껏 빛났다. 우리는 첫눈에 이곳이 마음에 들었다.

100달러짜리 현금을 들고 다니던 나는 환전소에 가서 솔 환전을 하고, 사나와 로라는 은행에 가서 현지화를 인출했다. 현금이 장전되

배고픈 우리를 구원해준 고마운 레스토랑, PANKA.

판카 레스토랑 셰프의 친절한 설명.

니 자신감도 금세 업! 이제 여행자를 기쁘게 맞아줄 쿠스코의 멋진 식당을 찾아나설 차례였다. 씩씩하게 쿠스코의 번화한 거리를 누비던 여자 셋의 자신감은 얼마 가지 않아 조용히 수그러들었다. 마추픽추를 보기 위해 전 세계에서 관광객들이 몰려드는 관광 명소이다 보니, 물가가 상상 외로 높았던 것이다. 불과 어제까지만 해도 2,000원 내외에 티티카카 호수에서 갓 잡아올린 송어로 만든 투루차를 배터지게 먹을 수 있었단 말이다. 그런데 아르마스 광장을 접하고 있는 식당들은 대부분 가격대가 30~40솔 내외. 한국 돈으로 치면 15,000원을 호가하는 셈이니 하룻밤 사이에 서너 배 뛰어오른 물가에 배낭여행자들의 간이 쪼그라들었다.

페루에 도착한 이후로 아무것도 먹지 못한 위 속은 텅 비어 있었다. 그래도 '조금만 더, 조금만 더……' 하면서 광장 뒷골목까지 기어들어왔을 때 마치 빛나듯 눈에 들어온 자그마한 식당이 있었으니.

입간판에는 알 수 없는 메뉴가 여러 개 쓰여 있고 분명 '7sol'이라고 적혀 있었다. 7솔이면 2,000원 정도 되는 가격이었다.

"들어가볼까?"

아무도 없는 어두컴컴한 가게 안을 둘러보며 동생들은 망설이는 눈빛으로 고개를 끄덕였다. 역시나 맏언니인 내가 제일 먼저 앞장서야 했다.

"페르미소?"

이제 막 출근한 듯한 직원이 자리를 안내해주었고, 곧 셰프인 듯한 털보 사내가 등장해 이것저것 설명을 해주었으나 우린 제대로 알아듣지 못했다. 무조건 식당 앞의 저 7솔짜리 메뉴를 달라고 했다. 그리고 곧 우리의 선택은 옳았음이 판명되었다.

에피타이저로 삶은 감자와 소스가 나오더니 새콤한 맛의 음료수, 곡식 알갱이와 고기가 든 수프, 페루 전통 스타일의 라이스까지, 맛도 맛이지만 양도 어찌나 많던지. 우리는 내내 감탄하고 행복해하며 식사를 즐겼다. 나중에 알고 보니 'Menu del Hoy', 즉 오늘의 메뉴라고, 식당마다 매일 특정 메뉴를 미리 만들어놓고 판매하는 세트 메뉴 같은 거였다. 마지막으로 달콤한 디저트까지 즐기는 동안 털보 셰프는 중간중간 나와서 음식에 대해 자세히 설명해주고, 먹는 법을 가르쳐주었다. 작고 아늑하지만 독특한 아름다움이 있던 판카 레스토랑의 손님은 우리뿐이었고, 셰프는 비록 7솔짜리 손님이지만 최선을 다해 대접해주었다.

1시간 전만 해도 비싼 물가에 쭈구리가 될 뻔했던 세 여자들은 다시 쿠스코란 도시를 좋아하게 됐다. 그럴듯한 대접을 받았으므로. 이렇게 성대한 환영인사를 받았으니 응당 누려야 하지 않겠는가.

 쿠스코에 있는 동안 두어 번 더 찾아갔고, 셰프와 기념사진도 찍었다. 그런데 나중에 그곳을 찾아간 사람에 의하면, 식당이 온데간데없이 사라졌다고 한다. 마치 누군가 마법이라도 부린 것처럼 말이다. 조금은 신기하기도 한 그 도시의 환영인사는 아직도 기분 좋은 기억으로 남아 있다.

마추픽추
세상 어딘가 우리가 몰랐던 아름다움

from 레나

걱정 마, 닥치면 다 하게 돼 있어

각기 다른 장단점을 장착한 덕분에 서로의 빈 곳을 채우며 꽤 원만하게 여행을 함께해온 우리들. 하지만 우리 중 누구도 미리 뭔가를 걱정하고 준비하는 미덕을 갖추진 못했으니, 마추픽추를 가겠다는 목표는 동일했지만 어떻게 갈 것인지에 대한 정보를 준비한 사람이 없었다. 늘 그랬듯이 시내에 즐비한 여행사를 돌며 정보를 모았는데 생각보다 경우의 수가 너무 많았다. 특히 그 누구보다 "뭘 미리 준비해? 닥치면 다 하게 돼 있어"라는 되지도 않는 주장을 해온 나로서는 조금 당황스러울 지경이었다.

그냥 여행사에서 대절한 버스를 타든 뭘 하든 마추픽추라는 관광지에 한 번에 갈 수 있을 줄 알았다. 오얀타이탐보(Ollantaytambo)는 뭐

세 女행자의 마추픽추 여행을 도와줬던 움베르토.

고, 아과스칼리엔테스(Aguascalientes)에서는 왜 하룻밤 자야 하고, 기차를 탈지, 버스를 탈지, 걸어갈지 선택해야 할 건 왜 그리 많은 건가. 게다가 여행사마다 조건도 제각각, 가는 데 걸리는 시간도, 제시하는 가격대도 천차만별이었다. 몇 군데 돌아보고 나서는 그야말로 멘붕에 빠졌다. 그제야 인터넷을 뒤져보니 준비성 철저한 한국의 젊은 배낭여행자들은 여행을 떠나기 전 한국에서 잉카트레일 및 마추픽추 입장권까지 미리 저렴한 가격에 예매한다는 사실을 알게 됐다.

조금은 스스로가 부끄럽게 여겨지는 순간이었다. 그때 로라가 아이디어를 냈다.

"지난번에 만났던 창우도 마추픽추 다녀왔댔잖아. 엄청 싸게 갔다 왔다던데, 걔한테 물어볼까?"

숙소로 돌아온 우리는 카톡으로 SOS를 쳤고, 그렇게 창우에게서 소개받은 움베르토와 페이스북 메신저로 연락이 닿았다. 뭔가 아는 사람이 소개해줬다는 안도감과 한국 친화적인 움베르토의 친절함 덕분에 그다음부터는 일사천리였다. 우리는 가장 시간이 적게 걸리는 페루레일을 타기로 결정했고, 움베르토는 이제까지 우리가 돌아다니며 알아본 가격대와는 비교도 안 될 정도로 저렴한 가격을 제시해주었다. 페루레일 정류장이 있는 오얀타이탐보까지 가는 버스, 마추픽추 바로 아래에 있는 마을인 아과스칼리엔테스에 위치한 숙소, 저녁식사, 마을에서 마추픽추까지 우릴 데려다줄 버스까지 한 번에 예약할 수 있었다.

걱정했던 마추픽추 여정이 어느 정도 정리되자 우리는 다시 평소의 느긋한 마음으로 돌아왔다. 운 좋게 찾은 맛난 식당에서 즐긴 쿠스케냐 맥주는 달콤하기까지 했다. 역시 닥치면 다 하게 되어 있다니까.

여행이 준 긍정적 기운에 도취되다

그러니까 마추픽추를 보러 가는 길에만 하루를 온전히 써야 했다. 그리고 다음 날 새벽같이 일어나 마추픽추를 구경하고 돌아오는 1박 2일 일정이 시작됐다. 뭐 얼마나 대단한 걸 보겠다고 이렇게 돈과 시간을 써가며 꾸역꾸역 찾아가고 있나 자괴감도 들었다. 세계 7대 불가사의라는 둥 워낙 유명한 관광 명소이다 보니 당연히 가야 한다고만 생각했지, 왜 가야 하는가에 대한 생각은 미처 못해본 것이다.

그건 사나와 로라도 마찬가지인 듯했다. 아침 일찍 일어나 1박 2일

일정을 소화할 간단한 짐을 싸고 아르마스 광장으로 가는 길이 사실 꽤 피곤했으니까. 움베르토의 사무실로 찾아가자 밤새 준비한 각종 티켓과 바우처 등을 예쁘게도 정리해 서류봉투에 넣어 건네주었다. 잘 다녀오라는 인사도 잊지 않았다. 그는 얼마나 많은 여행객들을 마추픽추로 보냈을까. 그의 핏줄 어딘가가 닿아 있을 오래된 유적지에 외지인을 보내는 일로 먹고사는 후손이라니, 아무튼 훌륭한 조상님을 두면 그 후손이 은총을 받는구나.

봉고차보다 조금 더 큰 수준의 미니 버스에 사람이 꽉꽉 들어찼다(남미에서는 콜렉티보 버스라고 부른다). 멍하니 창밖을 바라보다가, 꾸벅꾸벅 졸다가, 음악도 듣다가 그렇게 몇 시간을 달렸을까. 드디어 오얀타이 탐보에 도착했다. 그저 기차역이 있는 작은 마을인데, 하도 많은 관광객들이 들르다보니 나름대로 상점가가 형성돼 있었다.

간단히 요기를 하며 둘러보는데 조금씩 기분이 들뜨기 시작했다. 6솔짜리 로모 살타도(Lomo Saltado)는 꽤 맛있었고, 주위 풍경은 소박하지만 이국적이었으며, 뭔가 대단한 것을 기대하는 여행자들의 눈은 초롱초롱했다. 미지의 세계로 우릴 데려다줄 기차를 기다리며 가슴이 두근거리지 않는 게 어디 가능한 일이던가. 신이 난 우리는 기차 앞에서 여러 컷 사진을 찍었고, 기차 안에선 여러 차례 환호성을 질렀다.

2시간 남짓을 달리는 기차치고 5만 원이 넘는 비싼 값을 치러야 했

정글을 달리는 페루레일 기차.

오얀타이탐보의 아기자기한 기차역.

마추픽추로 향하는 기차에 오르기 전.

천창으로도 풍경이 보이고! 기차 안에서 신난 레나.

던 페루레일은 그만한 가치가 있었다. 잉카의 세계로 시간여행을 보내주는 2시간짜리 어트랙션 같은 느낌이랄까. 인가가 드물어지고, 숲은 정글로 변해갔으며, 점점 더 깊은 산속으로 굽이굽이 파고들어 가는 풍경이 커다란 천창과 창문으로 영화처럼 펼쳐졌다.

그래, 뭐 대단한 걸 본다는 것이 중요한 게 아니지. 보러 '간다'는 게 중요한 거지. 신비의 도시, 마추픽추를 보러 가는 길은 그 자체만으로도 여행자들에게 오랫동안 잊혔던 동심과 모험심을 자극하기에 충분했다. 정글을 헤치고 걸어가든, 버스를 타고 가든, 기차를 타고 가든 뭐가 중요하랴.

드디어 종착역인 아과스칼리엔테스에 도착했다. 움베르토가 예약해준 숙소에 체크인을 하고 동네를 산책했다. 어마어마한 소리를 내는 거대한 폭포와 예쁜 기차역을 끼고 있는 온천 마을. 가까이에 실제로 이용할 수 있는 온천이 있다지만, 수영복을 준비해오지 않은 우리는 그냥 패스하기로 했다. 역시나 움베르토가 예약해준 식당에서 만족스러운 저녁식사를 하고, 우리는 왠지 이 밤을 그냥 보내기 아쉽다는 데 생각을 모았다. 작은 마을에서 딱히 할 일도 없었으므로 30대 여인들의 발걸음이 향한 곳은 당연히 분위기 좋은 바. 예쁜 초를 켜놓은 테이블 위에 상그리아를 피처로 시켜놓고, 우리는 많은 이야기를 나누었다.

"남미에서 마스크팩 팔면 진짜 잘될 것 같지 않아? 나 진짜 한다?"

"해, 해. 말리는 사람 없어."

"난 한국에 가면 식당할까 봐. 한 팀만 받는 작은 식당 있잖아요."

"우리 셋이 사업을 하는 건 어때? 셋 다 글도 좀 쓰고, 사진도 찍고."

"요리도 잘하고!"

"못하는 게 없네!"

우리 모두 여행이 선물해준 긍정적 기운에 도취되어 있었고, 될 대로 되라는 식으로 앞으로 하고 싶은 일에 대해 경쟁적으로 내뱉었다. 한국에서는 나를 괴롭게 하는 다른 이에 대한 이야기로 채워졌던 시간이, 이 순간만큼은 뭔가를 하고 싶어하는 자신에 대한 이야기로 채워졌다. 이 긴 여행의 클라이맥스를 앞두고 잔뜩 들뜬 여자 셋은 쉬이 잠들기 어려워 그렇게 많은 이야기를 나누었다. 이 시간들을 언젠가는 진정을 다해 그리워할 날이 올 거라는 걸 너무도 잘 알고 있었으니까.

가리려 해도 가려지지 않는 아름다움에 대하여

마추픽추로 올라가는 버스는 10분 간격으로 출발했다. 멀지는 않았으나 어마어마한 오르막길이라 새벽부터 등반할 기운이 없는 여인네들은 당연히 버스를 타야 했다. 새벽같이 일어나 숙소에서 준비해준 식사를 할 때부터 창밖으로 들리는 빗소리가 심상찮았다. 하필이면 오늘 날씨 왜 이러니. 유적지로 올라가는 버스 안, 나는 약간 울고 싶은 심정이 되었다.

계곡이 폭포 같았던 아과스칼리엔테스 마을 풍경.

마추픽추 오르기 전날 밤. 상그리아 한 잔.

그 풍경에 우리도 있었다. 웃고, 감탄하고, 손을 처들며 환호했다.

마추픽추 입구에서 만난 가이드는 별로 걱정할 것 없다는 듯이 우리를 이리저리 끌고 다녔다. 영어는 알아듣기 힘들었고, 물안개에 가려 앞도 보이지 않았다. 약 2시간에 걸친 설명이 끝나고 가이드가 떠나자 우리는 녹초가 된 채 아무 돌더미 위에 철퍼덕 주저앉았다.

"아, 당 떨어져서 안 되겠어. 뭐라도 먹자."

"그래, 일단 후퇴!"

마추픽추 안에서는 음식물 섭취가 금지되어 있었다. 재입장이 가능하다는 얘기를 들었기에 우리는 밖에 나가 점심을 먹고 오기로 했다. 문제는 샌드위치를 파는 식당 하나가 있었는데 엄청난 바가지를 씌운다는 것. 콜라가 무려 8,000원, 샌드위치가 12,000원에 달했으니……. 울며 겨자 먹기로 샌드위치 세 개와 콜라 하나를 사서 나눠 먹었다. 어쨌든 영양 보충을 좀 하고 나니 다시 기운 업.

그렇게 재입장한 마추픽추는 아까와는 완전히 다른 얼굴을 하고 우릴 맞았다. 비구름이 싹 걷히고 해가 머리 위에 떠 있었던 것이다. 빛을 받은 오래된 유적지와 파란 잔디밭이 반짝거렸다.

"우와아."

우리 입에서는 쉴 새 없이 탄성이 터져나왔다. 사진에서 보던 그 마추픽추였다. 너무 똑같아서 마치 다큐멘터리 화면 속에 들어앉아 있는 기분이었다. 다른 점이 있다면 보기만 하는 게 아니라 그곳을 거닐고, 만지고, 냄새 맡을 수 있다는 것. 저리 큰 돌을 어떻게 옮겼

이 비경을 보기 위해 세계 곳곳에서 사람들이 찾아온다.

을까, 어쩜 저렇게 정교하게 다듬었을까 하는 건 사실 그다지 궁금하
지 않았다. 세상에 신기한 일이 얼마나 많은지, 우리는 이미 여행하면
서 깨달았으니까. 그저 아름다웠다. 우리 사는 세상은 어쩌면 이렇게
많은 아름다움을 곳곳에 숨기고 있느냔 말이다. 가리고 가려도 가릴
수 없는 아름다움이란 바로 이런 것을 두고 하는 이야기가 아닐까.

사방에 높이 솟은 산들은 이 아름다움을 가리기 위해 구름을 뚫고
우뚝했다. 아침마다 물안개가 끼고 비구름으로 덮이지만 정오의 햇
볕이 내리쬐자 마추픽추는 당당하게 빛났다. 이 비경을 바라보기 위

하여 세계 곳곳에서 비행기를 타고, 기차와 버스를 타고, 혹은 두 발로 정글을 헤치고 바득바득 기어올라온 사람들은 마치 관음증 환자처럼 한마음으로 황홀해했다.

그리고 그 풍경 속에 우리도 있었다. 웃었고, 감탄했고, 손을 높이 쳐들며 행복해했다. 마추픽추가 내려다보이는 산등성이에 나란히 앉아서 잠시 생각했다. 이제 또 하나의 국면을 맞이한 이 여행에 대하여. 이제 클라이맥스를 지나 후반기로 흘러가는, 정말 좋았던 이 여행에 대하여.

조금 허탈해진 몸과 마음으로 터덜터덜 걸어내려오는 길. 나는 아주 조금 비워진 기분이었다.

구름이 걷히고 있는 마추픽추. 신비롭고 환상적이며 아름답다.

쿠스코 모라이

우리가 가는 곳이 곧 여행지

from 사나

소소하고 따스한 여행지의 매력

함께 여행을 가는 이에게 늘 묻는 게 있다. 당신은 다음 중 어떤 여행자인지. 가이드북을 손에 쥐고 놓지 않는 여행자, 아님 가이드북의 반대 방향으로 가려는 여행자. 다행스럽게도 우리 셋은 후자에 가까웠다. 우리만 발견할 수 있는 낯설고 따뜻하며 소소한 곳에 매력을 느끼니까.

동네 작은 술집도 낯선 이들에겐 여행지가 될 수 있다. 레시피가 독특한 술안주를 내어놓는다거나 이곳이 아니면 느낄 수 없는 분위기가 있다거나. 때론 은행나무가 촘촘하게 심겨 있는, 내가 자주 걷는 동네 긴 산책길도 그렇다. 계절마다 온갖 종류의 꽃이 피어나는 나지막한 뒷산까지도 매력적인 여행지가 될 수 있다. 그렇게 이름 없

울퉁불퉁 12각 돌벽 거리를 거니는 레나.

는 곳을 향해 저벅저벅 걸어가는 여행자는 멋있다고 생각했다.

쿠스코의 첫인상은 주황색 지붕에 닿은 햇빛과 반질거리는 돌길의 촉감으로 남았다. 유럽풍 지붕이 굽이굽이 이어졌고, 아이들이 좁은 골목을 돌아 학교로 미끄러지듯 달려가고 있었다. 우린 무작정 거리로 나와 돌길을 걸었다. 골목은 차 한 대와 사람 한 명이 간신히 지나다닐 정도로 좁았다. 울퉁불퉁한 돌바닥에 바퀴 굴러가는 소리가 생경하게 들렸다.

골목의 끝은 아르마스 광장. 친숙한 스타벅스가 광장 모퉁이에 있었고, 거대한 성당이 우뚝 솟아 있었으며, 기념품 가게와 여행사들이 촘촘하게 모여 있었다. 그 주변에서 레나 선배는 가이드북에 나와 있지 않은 남미에서 가장 근사한 레스토랑을 찾아냈고, 로라는 밤마다 광장의 벤치에 앉아 맥주를 홀짝이며 별처럼 반짝이는 카사들을 바라봤다. 나는 세월로 둥그레진 돌바닥에 앉아 아이스크림을 먹었다.

쿠스코의 웅장했던 아르마스 대성당.

카메라를 들이대니 여유롭게 브이를 그려주는 페루인.

쿠스코는 1년 내내 축제 분위기다.

쿠스코는 두 개의 문화가 겹쳐 있는 도시였다. 15세기부터 16세기까지 존재했던 잉카문명 위에 스페인 문화가 얹혀 있었다. 스페인은 잉카제국을 침략했고 전염병을 퍼뜨려 잉카인들을 내몰았다. 그렇게 쿠스코는 두 개의 문화가 더해져 묘한 분위기를 자아냈다. 잉카시대 돌벽 위에 스페인풍 지붕이 얹혀 있기도 하고, 돌바닥 위에 유럽풍 교회가 세워지기도 하고. 그러나 아쉽게도 잉카의 흔적은 많이 남아 있지 않았다.

세 女행자들에게 진짜 여행이란

쿠스코에서의 마지막 날, 근교에 있는 잉카인의 흔적을 찾아가보기로 했다. 쿠스코에서 40~50킬로미터 떨어진 유적지로 하루 만에 훌쩍 다녀오기 좋았다. 사람이 만들었다고는 믿겨지지 않는 신비로운 광경과 잉카인들의 지혜를 엿볼 수 있는 곳. 전날 여행사에서 잉카인이 농경기술을 연구했다는 모라이(Moray)와 계단식 염전인 살리네라스(Salineras) 투어를 신청해둔 참이었다.

관광객을 실은 투어 버스는 비포장도로를 달렸다. 하늘과 땅이 맞닿아 있는 풍경을 보며 모라이와 살리네라스에 대한 기대가 점점 커지고 있었다.

원형으로 이뤄진 계단식 경작지인 모라이는 공중에서 보면 우주인이 그려놓은 문양처럼 신비로웠다. 이곳은 잉카인들이 품종을 개량하기 위해 조성한 농업 연구단지였다. 과거 농지가 부족했던 탓에 산

걸을수록 아름다운 풍경이 펼쳐졌다.

살랑살랑 바람이 불고 구름이 움직였다.

비탈을 이용, 계단식으로 농지를 만든 것으로 우리나라의 계단식 논과 비슷했다. 하지만 거대한 원들이 겹쳐 있어 한눈에 들어오지 않을 정도로 넓었다. 밑바닥 원의 지름은 40~50미터, 계단 하나의 너비는 4~10센티미터에 이를 정도. 고도와 온도에 따라 서로 다른 작물을 심어 품종을 연구했단다.

모라이에 가까이 왔을 때쯤, 가이드는 입장료를 따로 구입해야 한다고 알려주었다. 투어 프로그램에 입장료가 포함되어 있는 줄 알았던 우리는 잠시 당황했지만, '얼마 하겠어?'라고 생각하곤 매표소로 달려갔다. 하지만 1인당 3만 원이 넘는 티켓 앞에서 우린 어리둥절할 수밖에 없었다. 1시간 정도 둘러보는 곳이 3만 원이 넘다니! 우유니 데이투어도 3만 원이 넘지 않았다. 망설이다, 결국엔 들어가지 않기로 했다. 이미 버스 타고 마을에 들어설 때 대형사진으로 모라이의 모습을 본 걸로 만족할 수밖에. 언제 다시 오게 될지 모르는 곳이었지만 과감히 발걸음을 돌렸다.

"우리 괜찮을까? 이제 다시 오기도 힘든 곳인데!"

우유부단한 여행자인 내가 말했다.

"괜찮아! 이미 선택했어. 가지 않기로!"

"이 선배 또 이런다! 그만 생각하고 근처나 한 바퀴 돌아봅시다!"

결단력 좋은 레나 선배와 로라는 이미 모라이 생각은 접었는지 발걸음이 가벼워 보였다. '아! 부럽다!' 속으로 생각했다. 무슨 일을 하든지 맺고 끊음이 확실한 두 사람은 늘 부러운 대상이었다. 난 하루

모라이를 포기하고도 신난 로라. 더 멋진 풍경이 펼쳐져 있었다.

에도 수많은 고민으로 몇 시간을 낭비하고 있는지도 몰랐다.

'이걸 버릴까, 말까. 그 사람에게 말할까, 말까. 이걸 먹을까, 저걸 먹을까?' 조금 멀리서 바라보면 별거 아닌 것으로 고민하고 있는 나 자신이 좀 한심해 보이기도 했다.

"그래, 이제 고민 말자!"

다른 여행자들은 버스에 내려서 모라이로 향했고, 우리는 반대편으로 걷기 시작했다. 모라이를 보지 못한 아쉬움을 떨쳐버리고자 더 신나 했다. 하지만 진짜 걸을수록 아름다운 풍경이 펼쳐졌다. 언덕으로 이뤄진 하나의 길, 그 위엔 뭉게구름이 걸려 있었다. 길 옆엔 풀들이 촘촘했고, 그 위로 고운 바람이 불고, 구름이 조금씩 움직였다. 모라이를 가지 않고 이 길을 걸을 수 있다는 것이 더 기뻤다. 가보지 않은 곳과 비교할 수는 없지만, 그저 우리가 선택한 길이 만족스러웠다.

짧은 산책을 마치고 버스로 돌아왔다. 이제 살리네라스는 볼 수 있
겠지? 굽이굽이 이어진 산길을 따라가니 놀라운 광경이 펼쳐졌다.
모라이를 보지 못한 아쉬움까지 떨칠 겸 우리는 신나게 염전 사이를 이리저리 뛰어다녔다. 해발 3,000미터나 되는 첩첩산중에 염전이 조성되어 있다니! 오래전 바다였던 곳이 융기해 염전이 형성되었고 잉카인들은 2천여 개에 이르는 소금연못을 만들어 소금을 채취했다.

돌아오는 길은 더 멋졌다. 여행자인 줄 알았던 어떤 남자가 갑자기 버스 앞으로 나와 피리 같은 악기를 연주하기 시작했다. 버스는 이내 움직이는 작은 콘서트장이 되었다. 설산이 이어지는 풍경과 어우러지는 남미의 멜로디 속으로 여행자들 모두 흠뻑 빠져들기 시작했다.

 세女행자들님이 새로운 사진 8장을 추가했습니다
2015년 4월 21일

[남미여행_44일차] #Peru #Cusco
느슨한 여행을 하고 있다. 저절로 눈이 떠진 뒤에도 바스락거리는 이불의 감촉을 즐기며 침대속으로 파고드는 아침. 바삭한 토스트와 따뜻한 라떼, 망고와 파파야, 햄 섞인 오믈렛까지 준비된 풍성한 호텔 조식... 베개를 세개나 등 뒤에 대고 잔뜩 늘어져 책을 읽는 일.
이런 게으름조차도 행복한 여행의 일부가 될수 있다면 그것대로 좋지 아니한가.
기운을 차린 로라윌 밖에 나갔다가 축제가 한창인 쿠스코의 토요일에 흠뻑 빠졌다. 갖가지 화려한 전통복장을 차려입은 페루인들을 보고 있자니 절로 흥이 났다.
우리 맘대로 정한 쿠스코 최고의 숨은 맛집 Panka에서 호화로운 식사를 하고, 밀린 무한도전을 보며 뒹굴거린 하루. 이 와중에 쿠스코 맥주 Cusquena는 최고!

이카 와카치나
세상의 바깥, 사막 위 작은 천국

from 레나

그곳에 파라다이스가 있었다

'언젠가는 사막에 가보고 싶다'고 생각한 건 어린 시절《어린왕자》
를 읽었을 때였다. 도시와 멀리 떨어진, 그렇지만 야생과는 또 다른
매력을 품은 위대한 자연을 만날 수 있을 것만 같았다. 그러니까 사
막과 오아시스가 거기 있다는 것만으로도 페루 남부의 작은 마을 이
카로 향할 이유는 충분했던 셈이다.

페루 쿠스코에서 야간버스를 타고 17시간쯤 달렸을까. 칠레나 아
르헨티나의 버스에 비해 열악하기 그지없었지만, 이미 야간버스에
이골이 난 우리는 꽤 잠을 잘 잤다. 눈을 뜨니 고산지대였던 쿠스코
와는 확연히 다른 공기. 훅 끼치는 열기에 겉옷을 벗으며 사막을 맞
을 준비를 했다.

늘 여름인 와카치나 사막의 인공 호수.

이카에서 와카치나 사막까지는 5킬로미터 정도의 거리. 먼 길은 아니었지만 뜨거운 태양을 피해 택시를 타기로 한 것은 현명한 선택이었다. 달린 지 얼마 되지 않아 마을의 풍경은 사라지고 끝없는 모래언덕이 시야를 가득 채우기 시작했다. 시리도록 푸른 하늘과 사막이 이토록 잘 어울리는 조합이었나. 우리는 또 다른 새로운 세상에 도착했음을 실감했다.

와카치나 오아시스는 한때 페루 부유층들이 주로 찾던 휴양지로 유명세를 떨쳤다고 한다. 지금은 전 세계에서 찾아온 배낭여행자들의 파티 장소로 떠오르고 있다. 입소문을 듣고 찾아간 바나나 호스텔에 들어선 순간, 우리는 생각했다. '제대로 찾아왔구나.'

시원한 풀장에서는 비키니 차림의 청춘 남녀가 수영과 선탠을 즐기고 있었고, 바에서 즐거운 대화를 주고받는 커플도 많았다. 그늘의 해먹에 누워 독서 삼매경에 빠진 사람들, 맛난 음식을 먹으며 수다

와가치나 사막의 오아시스. 우리는 새로운 세상에 도착했음을 실감했다.

떠는 소녀들⋯⋯. 두근거림과 아름다움이 공존하는 풍경이라고 할까. 로비에서 만난 20대 한국인 청년들은 와카치나 특유의 뜨거운 분위기에 휩쓸려 벌써 사흘째 머물고 있다고 말했다. 그들의 표현에 의하면 이곳은 '천국'이었다.

세상에서 가장 환상적인 드라이빙

숙소에서는 꽤 저렴한 가격에 투어 프로그램을 운영하고 있었다. 와카치나 사막에서 버기투어를 빼놓을 수 없으니 숙박과 패키지로 이용하는 것이 편한 듯했다. 숙소가 마음에 들었던 우리는 당일 바비큐 파티와 다음 날 바예스타 섬 투어까지 신청했다.

풀장에서 만난 동우와 석문은 캐나다에서 유학 중인 학생들이었다. 사진 찍는 걸 좋아하는 동우는 매일 사막의 모래언덕에 올라 촬영을 했다고 말했다. 태양의 높이와 바람의 방향에 따라 시시각각 다른 얼굴을 보여주는 사막의 풍경만으로도 뜨거운 모래에 발이 푹푹 빠지는 고생쯤은 감내할 이유가 있다는 거였다. 매일 벌어지는 파티가 좋아 바나나 호스텔에 머무르고 있는 줄만 알았는데, 모처럼 만난 사막의 매력을 실컷 즐기는 모습이 참 좋아 보였다.

그러나 역시 버기투어만큼 신나는 게 없다고 했다. 지프차를 독특하게 개조한 버기카를 타고 즐기는 버기투어는 와카치나 사막에서만 즐길 수 있는 대표적 액티비티 중 하나. 사방이 뚫려 있어 시원한

사막 위를 신나게 달리는 버기카.

어린아이처럼 신이 나서 놀았던 하루.

뜨거운 사막을 즐기는 여행자들.

와카치나 사막의 환상적인 일몰을 보며.

우리는 나란히 앉아 사막의 아름다움을 한껏 즐겼다.

모래바람을 정면으로 맞는 게 묘미라고 했다. 이미 수차례 경험한 그들에 비해 말로만 들었던 우리는 약간 긴장했다. 심한 경사가 진 사막을 엄청난 속도로 달리고 회전하다 보니 곧잘 사고가 일어난다는 얘기를 들었기 때문이다.

그런데 굉음을 내며 출발하는 순간, 그 모든 잡생각은 씻은 듯이 사라졌다. 얼굴에 와닿는 시원한 바람과 속도감에 모든 생각이 날려간 듯했다. 구릉을 타고 옆으로 기울어지다시피 달리다가도 어느새 중심을 잡고, 꽤 높아 보이는 언덕을 향해 질주할 때는 꼭 절정을 향해 치닫는 롤러코스터 같았다. 노련한 드라이버는 사람들의 비명 소리가 들릴 때마다 사디스트처럼 즐거워하며 묘기에 가까운 운전 실력을 뽐냈다. 목이 쉬어라 환호를 지르며 우리는 모두 상기된 표정으로 크게 웃었다. 모래알이 얼굴을 때리고 손잡이를 잡은 손에는 힘이 들어갔지만 다들 한마음으로 신났다. 세상에서 가장 판타스틱한 드라이빙은 사막에 있다고 말해주고 싶을 정도였다.

오아시스, 달콤한 행복을 기억하다

한차례의 드라이빙이 끝난 후 이어지는 순서는 그 유명한 샌드보딩. 버기카가 멈춰 선 곳은 경사진 모래언덕의 꼭대기였다. 높이가 10미터는 족히 되어 보였다. 드라이버가 보드를 사람 수만큼 내려주며 간략하게 타는 방법을 설명해주었다. 잘 미끄러지라고 양초를 보드 바닥에 문질러야 했다.

스키장에서 스노보드도 타본 경험이 없던 우리 일행은, 또 살짝 겁을 집어먹었다. 언덕에 일렬로 늘어선 사람들은 배를 깔고 누워 한 사람씩 아래로 출발. 비명인지 환호인지 모를 소리에 웃음소리가 이어졌다. 눈을 질끈 감고 중력에 몸을 맡겼다. 온몸에 힘이 들어가고, 생각보다 엄청난 속도감에 정신을 차릴 수 없었지만 나는 알 수 있었다. '아드레날린이 치솟는다는 게 이런 느낌이구나'라는 것을. 나도 모르게 미친 듯이 웃고 있었으니까. 실수로 샌들이 벗겨져 언덕 중턱에 널브러져 있는데 뒤따라 내려오던 여행자가 솜씨 좋게 낚아채서 가져다주었다. 감사의 인사를 하며 또 까르르. 사소한 것 하나하나까지 즐거웠다.

이렇게 '신'이 나본 적이 언제였던가. 내 나이를 의식하지 않고, 남의 눈치도 보지 않고 이렇게 어린아이처럼 몸을 쓰며 놀았던 시간. 몇 시간을 흥분해서 놀다보니 그런 내가 신기하기도, 낯설기도 했다.

버기카를 타고 다시 오아시스로 돌아가니 어느새 해질녘. 낮 동안 따뜻하게 데워진 모래가 맨발을 감쌌다. 사람들을 태우고 드넓은 사막 위를 질주하던 형형색색의 버기카가 하나둘씩 모이고, 저녁노을 빛을 받은 오아시스의 아름다움은 흥분했던 젊은이들의 심장을 다 독여주었다. 우리는 나란히 앉아 사막의 아름다움을 한껏 즐겼다. 해가 지고, 별이 뜨고, 달이 빛나는 사막의 밤. 세상의 바깥, 사막 위의 작은 천국에서 보낸 하루는 아주 오래 잊히지 않을 것 같았다.

리마
30대 여자들에게 긴 여행이 필요한 이유

from 레나

때론 평범한 일상 같은 여행

여행을 함께하자고 두 동생들을 꼬시면서 가장 힘을 주어 말했던 얘기가 있었다. 살면서 한 번쯤 한 달 이상의 장기 배낭여행이 필요한 이유에 대해서였다. 사나는 여행기자였지만 출장 외에는 혼자 해외여행을 떠나본 경험이 없었고, 로라는 놀러 다닌다는 개념 외에 여행 자체에 대해서는 그리 흥미를 느끼지 못했던 터였다.

"여행이란!"

얼큰한 술의 힘을 빌려 목소리는 더욱 높아졌다. 특히 누군가를 설득해야 할 때 나오는 내 특유의 어투가 빛을 발했다.

"한마디로 떠났다가 돌아오는 거야. 일상이 지긋지긋하니까, 이런 술자리로 풀어지지 않는 응어리가 있으니까 떠났다가, 또다시 일상

로라의 화려한 요리 솜씨는 여행 내내 빛났다.

이 그리워지니까, 그만하면 스트레스도 풀렸으니까 다시 돌아오는
거야. 그게 계속 반복되는 거지. 그런데 그 떠남과 돌아옴 사이에 뭔
가 있어. 그 뭔가가 뭔지도 알기 전에 여행은 끝나버려. 지금까지 당
신들은 그런 짧은 여행만을 해온 거라고! 나이 서른이 넘었으면! 한
달 이상, 마치 일상처럼 느껴지는 긴 여행을 한 번쯤 해봐야 한다고
생각해, 나는!"

　나의 말도 안 되는 개똥철학이 이들에게 먹혔는지는 알 수 없었다.
하지만 흔들어놓기엔 충분했던 모양이었다. 지지부진한 회사 생활
에 매일같이 "먼지가 되어버렸어" 하며 푸념하던 로라가 대뜸 사표
를 던졌으니. 우유부단함으로는 세계 최고인 사나도 "어떡하지?" 하
면서 결국엔 함께하기로 했다.

　리마에서는 왜 유독 그때 생각이 났는지 모르겠다. 조금 덥긴 했지
만, 잘 발달된 페루의 수도는 마치 우리가 살던 도시 같았다. 꽤 풍광

평화로운 도시, 해변을 끼고 있는 리마.

페루의 수도답게 고풍스런 건축물이 많다.

새로운 재능 발견, 셰프 로라.

유독 고양이가 많았던 리마의 공원.

이 좋은 아파트를 빌리면서 마치 한국에서의 평범한 일상 같은 며칠을 보냈다. 방이 세 개인 덕분에 우리는 간만에 각방을 쓰며 여유를 즐겼고, 번화한 쇼핑센터에서 먹고 싶은 것을 잔뜩 사기도 했다. 가장 먹고 싶은 음식은 역시나 매운 음식이었다. 며칠 전부터 떡볶이 노래를 부르던 로라는 드디어 실행에 옮기기로 했다.

"떡이 없으면 떡을 만들면 되지!"

먹겠다는 의지력 앞에 무에서 유를 창조하는 일쯤은 아무것도 아니었다. 세상에 밀가루를 반죽해 경단을 만들 생각을 하다니. 먹는 것에 대한 집념은 사람을 이렇게 창의적으로 만든다. 가지고 있던 고추장을 몽땅 투하하고, 양배추와 삶은 달걀을 넣어 완성한 떡볶이는 예상했던 것보다 훨씬 맛있어서 우리는 모두 감동의 눈물을 흘릴 뻔했다. 사나와 나는 의지의 셰프에게 진심 어린 박수를 보냈다.

그럼에도 불구하고, 우리는 떠난다

이카 와카치나 사막에서 만났던 동우, 석문과 연락이 닿아 리마에서 다시 만났다. 밴쿠버에서 유학 중이라는 그들은 구수한 부산 사투리가 인상적인 순박하고 착한 청년들이었다. 고작 두 번째 보는 사이인데도 오래된 친구처럼 반갑고 즐거웠다. 우리는 미라플로레스(Miraflores)라는 리마 최고의 핫플레이스에 놀러 가기로 했다. 가는 길에 고양이 공원에 들러 곳곳에서 아름다운 자태를 뽐내는 페루 고양이의 매력에 흠뻑 빠져도 보고, 번화한 거리를 신나게 거닐며 웃고

레나는 집에 두고 온 네 마리의 고양이가 그리워졌다.

떠들었다.

"누나들, 남미 여행 책 꼭 쓰세요! 출판기념회 하시면 저 한국 들어
갑니다."

우리가 하도 "여행 책 낼 테니 두고 보라"고 큰소리쳤더니 이 순박
한 청년들은 자신들의 얘기도 꼭 넣어달라고 신신당부를 했다. 그들
은 30대 중반에 들어선 우리에겐 마냥 아이 같아 보였지만, 아직 정
해지지 않은 진로와 불확실한 미래에 대한 고민으로 마음이 복잡한
듯했다. 그래도 좋아 보였다. 청춘이니 고민도 하는 거고, 불확실한
미래라 더 매력 있는 것 아닌가. 약 한 달간의 남미 여행을 끝내고 돌
아가는 날이라며 동우와 석문은 아쉬워했다.

길 한복판에서 청년들과 작별인사를 하고 우리는 도시 관광의 정점
을 찍기 위해 근처 스타벅스에 자리를 잡았다. 세계 어느 도시에서나
만날 수 있는 스타벅스는 왠지 향수를 자극하는 공간이었다. '카페' 가

아닌 '아메리카노'를, '카페콘레체'가 아닌 '카페라떼'를 주문할 수 있는 곳이었으니까. 따뜻한 아메리카노와 카페라떼를 마시며 우리는 때 아닌 향수에 젖어들었다. 미국 물을 마시며 고향 생각이라니, 인생은 역시 아이러니.

"우리, 69호수에 가자."

두 동생과 함께할 수 있는 여정이 얼마 남지 않은 시점에서 리마에 계속 머물 것인가, 69호수 트레킹을 하러 2박 3일이라도 와라즈(Huaraz)에 다녀올 것인가 결정해야 할 시점이었다. 이미 두 달이 넘는 여행 기간 동안 수많은 트레킹으로 지칠 만큼 지친 상태였지만, 일상에 계속 안주할 수 없다는 생각이 들었다.

"그래요. 선배가 가고 싶다면 가야지."

우리 중에 트레킹을 제일 싫어하는 로라도 선뜻 동의해주었고, 사나도 마찬가지였다. 왜 사람은 한곳에 가만히 머물 줄을 모를까. 안락한 아파트와 익숙한 아메리카노가 있는 곳을 떠나, 왜 해발 4,000미터의 고산 트레킹을 하겠다고 사서 고생하는 것일까. 스스로 이런 질문을 하며 나는 혼자 웃었다.

남미 곳곳에서 쉽게 발견할 수 있는 스타벅스.

이제 앞으로는 "여행이란~"으로 시작되는 구구절절한 이야기를
이들에게 건넬 필요도, 그럴 기회도 없을 거란 생각이 들었다. 우리
가 저마다 간직한 여행에 대한 생각들이 다를지라도 그게 무슨 상관
인가. 이렇게 함께 있는데.

심야 버스를 타고 고된 여정을 시작해야 할 내일을 위해 오늘만큼
은 푹 자두어야겠다며 체념 어린 한숨을 쉬는 두 동생을 다독거리며,
우리는 함께 리마의 거리를 걸었다.

 세女행자들님이 새로운 사진 9장을 추가했습니다
게시자 양혜선 기자 · 2015년 4월 25일 ·

[남미여행_49일차] Peru #Lima
리마는 여행 도시 중 가장 화려하고 복작였다. 하지만 여행 중반을 접어들
며 쉽게 지쳤고, 무리하지 않기위해 중요한 곳만 발자국을 남기로. 숙소를
빠져나와 붉고 버스를 타고 센트로에 도착. 역대 주교와 사제들의 뼈가 보관
되어 있는 으슥한 대성당엔 묵직한 아우라가 가득했다. 이어 아르마스 광장과
대통령궁까지 발길을. 현대식 건물과 고풍스런 옛건물이 조화를 이루던 리마
센트로 오늘 밤버스로 리마를 떠난다. 숙소에서 부침개, 닭볶음탕으로 마지
막 밤을 즐기고 와라즈로 Go!! 69호수여, 기다려라! 😊

와라즈
꿈처럼 오묘한 물빛을 만나다

from 사나

낯선 도시에서 느낀 첫인상

세상에서 가장 신비로운 호수를 보기 위한 길은 험난했다. 해발 4,400미터의 고산지대에 산소량은 60퍼센트도 안 되는 그곳은 계속 가파른 산길로 이어져 있었다. 그때 몰아쉰 숨은 아직까지도 내 몸 어딘가에 생생하게 머물러 있다. 그때 걸었던 무거웠던 걸음도 마찬 가지. 하지만 고된 트레킹 뒤 뭉클한 감정을 느낄 수 있었으니, 그 시 작은 이렇다.

어디서나 설산이 보이는 와라즈는 잔잔한 마을이었다. 시장이나 광장 근처에 가면 사람들이 많이 모여 있었는데, 이 풍경이 마을에 생동감을 불어넣어주었다. 와라즈에선 성실한 사 형제가 운영한다

아름다운 설산이 배경처럼 안아주는 예쁜 마을이었다.

는 호스텔에 머물기로 했다. 넓은 옥상에 불편함 없는 부엌이 갖춰진 호스텔이었다. 옥상의 의자에 앉아 따뜻한 차 한 잔을 마시며 설산을 보는 것만으로도 황홀했다. 고산지대라 손을 뻗으면 닿을 만한 곳에 푹신한 구름이 떠 있었다. 소파에 길게 누워 구름을 이불 삼아 꾸벅꾸벅 조는 것도 이곳에서만 느낄 수 있는 낭만이었다.

빛이 드리워지는 오후엔 시장에 갔다. 시장은 그 지역의 언어와 맛, 냄새가 잘 배어 있는 공간이다. 몇 번을 가도 질리지 않았다. 온도에 따라 펼쳐지는 것이 다르기 때문에. 고산지대의 와라즈 시장에서는 무엇을 팔까.

설렘 뒤엔 충격이었다. 남미에서 본 시장 중 가장 생경한 풍경이었다. 호스텔 바로 앞 시장에는 현지인들의 삶의 모습이 적나라하게 펼쳐져 있었다. 자이언트 닭이 껍질이 벗겨진 채 주렁주렁 매달려 있는가 하면, 쥐처럼 생긴 꾸이가 내장을 드러낸 채 겹겹이 쌓여 있기도 했다. 현지인의 냄새가 진하게 풍겼다. 잔인하다고 여겼다가, 이 모습도 이들 삶의 일부라고 생각하고 받아들였다.

먹을거리가 가득한 전통 시장. 로라의 식욕 폭발!

익숙하지 않은 장면을 피해 맛있는 냄새를 따라가보니 노점 꼬치집이 나왔다. 양념한 소의 심장이나 허파, 닭발 구운 것을 파는데 맥주 안주로 이보다 훌륭할 수 없었다. 매일 밤, 달콤한 과일과 꼬치를 안주 삼아 맥주를 마시며 잠들었다. 그렇게 느긋한 여행자들은 험난한 일정을 바로 앞에 두고 있었다.

아름다운 풍경만큼 험난한 트레킹 여정

와라즈에 온 단 하나의 이유는 69호수 트레킹 때문이었다. 꿈에서나 나올 법한 신비로운 빛깔의 호수를 볼 수 있다는 말에 홀려 여기까지 왔다. 우린 트레킹을 위해 해발 6,768미터에 이르는 남미에서 두 번째로 높은 설산이 있는 와스카란(Huascaran) 국립공원을 가기로 했다.

새벽 5시에 일어난 우리는 20인승 버스를 타고 2시간가량 달렸다. 7시가 조금 넘어 야외 식당에 도착해 여러 나라에서 온 여행자들과 커피와 샌드위치를 나눠 먹었다. 꽤 쌀쌀한 날씨에 음식들이 빈속을 따스하게 데워줬다.

다시 버스를 타고 40분 정도 달리자 와스카란 국립공원에 닿았다. 이제 여기서부턴 걷기가 시작되었다. 고산지대이기 때문에 산소량이 60퍼센트밖에 안 된다는 사실과 급경사 길만 꼬박 2시간을 걸어야 한다는 것은 이미 누누이 들어 알고 있었다. 무엇보다 트레킹 도중 몇몇의 생명을 앗아간 곳이기도 하고, 워낙 험난해서 트레킹에 성공하지 못할 확률도 꽤 높단다. 몸도 걱정되고 혹여 낙오하지 않을까 하는 등의 여러 불안이 덮쳐왔다.

시작은 평화로웠다. 풀로 가득한 평지에 부드러운 곡선을 그리며 물이 흐르고 있었고, 그 옆엔 소들이 여유롭게 풀을 뜯고 있었다. 우리 셋은 이야기를 나누며 느긋하게 걸었다. 맏언니 레나 선배와 마지막으로 하는 트레킹이었다. 도전하기 좋아하는 레나 선배에게 고난도의 69호수 트레킹은 어쩌면 이번 여행의 멋진 마무리를 위한 꽤 근사한 모험일지도 몰랐다.

"아직은 괜찮은데?"

막내 로라가 신난다며 폴짝 뛰었다. 하지만 30분쯤 걸었을까, 우리 앞에 어마어마한 산이 떡하니 나타났다. 평지의 끝, 가파른 오르막길이 이어졌다. 여기서부터 2시간을 꼬박 올라야 정상에 닿을 수 있었다. 점점 일행들과의 거리는 벌어졌다. 가파른 길은 조금만 걸어도 숨이 차올랐다. 지금까지 경험해보지 못한 증상이었다. 다섯 걸음 정도 가면 숨이 가빠져 도무지 걸음을 뗄 수 없었다. 그 자리에 주저앉을 수밖에. 내 의지로 할 수 없는 일이 있다는 것에 스스로 실망하기 시작했다.

비교적 산을 잘 타는 편이었다. 가파른 산을 오를 때, 규칙적으로 리듬을 타며 호흡을 조절하는 것이 나만의 노하우였다. 즉 평정심을 유지하는 것. 하지만 이곳에서는 절대적으로 불가능했다. 입까지 동

꿈속에서나 볼 법한 비현실적인 물빛과 마주한 순간.

원하지 않으면 숨이 막혀 죽을 것 같았다. 우리 셋은 얼굴이 하얗게 질린 채로 걷고 또 걸었다.

누군가 앞서 나가면 몇 걸음 떼고 뒤를 돌아봤다. 누군가 뒤처지면 짐을 대신 들어줬다. 누군가는 조금만 더 가자고 했고, 누군가는 조금만 쉬었다 가자고 했다. 이런 행동과 말의 반복이 힘겨운 시간을 버티게 했다. 셋이 보이지 않는 끈으로 묶인 것처럼.

'왜 이렇게 힘든 길을 택한 걸까? 그동안 많은 트레킹을 했고, 이제는 편하게 여행할 때도 됐는데.' 이런 생각이 머리끝까지 차올랐다. 무모한 도전일 수도 있었고 트레킹 후 다음 일정을 망칠 수도 있었다. 하지만 우리는 홀린 듯 트레킹을 선택했고 이제는 돌이킬 수 없었다. 그저 서로를 믿고 올라가는 수밖에.

서로를 의지했던 트레킹

트레킹 4시간 만에 69호수에 닿았다. 호수의 자태가 조금씩 드러나기 시작할 때, 심장이 심하게 요동쳤다. 오묘하고 신비로운 물빛. 이 세상에 존재하는 가장 아름다운 푸른빛이었다. 어떤 이름으로도 표현할 수 없는 색이었다. 먼저 도착한 여행자들은 미소를 가득 띤 채 각자의 시선으로 호수를 즐기고 있었다.

옷을 홀랑 벗고 호수로 뛰어든 유럽 청년들, 골똘히 생각에 잠긴 듯한 남미 아저씨, 코카잎 차를 마시며 고산병을 달래고 있는 일본 아주머니……. 호수를 즐기는 방법은 저마다 달랐다. 우리는 인증샷

영롱한 빛을 내는 물줄기를 따라 걸으며 힘을 냈다.

신나게 점프하는 20대 청년들, 윤영과 하람.

을 선택했고, 트레킹 내내 뒤처진 우리를 응원해줬던 20대 청년 윤영, 하람과 함께 호수 앞에서 신나게 뛰었다.

　올라오고 나자 왜 여기에 왔어야 했는지 답을 찾을 수 있었다. 그동안 우리는 꽤 평화로운 여행을 해왔다. 때론 숨 막힐 듯 어려운 상황도 있었지만 우리는 서로를 의지하며 견뎌냈다. 혼자서는 할 수 없었던 일이었기에 서로를 바라볼 수밖에 없었고, 그렇게 고비가 닥칠 때마다 무사히 넘어가곤 했다.

　이틀 후, 맏언니 레나 선배는 떠났다. 버스에 올라 창문으로 손을 흔들 때, 얼굴은 웃고 있었지만 눈에는 눈물이 그렁그렁 맺혀 있었다. 선배와 함께한 순간이 좌르륵 흘러갔다. 끝까지 함께하지 못해 아쉬운 마음과 우리에게 든든한 존재가 되어주었던 것에 감사한 마음이 동시에 깃들었다. 최악의 순간에 맞닥뜨렸던 서로에 대한 배려가 우리의 인연이 평생 갈 수 있을 거란 믿음을 주었다.

세女행자들님이 새로운 사진 10장을 추가했습니다.
게시자 양혜선 (가) 2015년 4월 26일 ·

[남미여행 52일차]_#Peru #Huaraz
예정대로 레나가 한 달 먼저 한국으로 돌아간다. 오늘이 바로 그날. 일주일 전부터 후배들은 "가지마아~"한 달 더 있다가면 안돼요?"라며 징징징~ 헤어지던 버스정류장에서 동생들을 한 품에 안아주던 레나의 깊은 포옹. 두 달간 함께한 진하고 반짝이던 시간만큼 따뜻하고 찐했다. 선배가 떠난 후, 우리는 맛있는 것만 봐도 "선배 엄청 좋아했겠다" 좋은 델 봐도 "선배랑 같이 왔음 좋았겠다"라고 중얼댄다....
TO. 레나/유진선배... 더 보기

완차코
평화로움의 연속이었던 해변

from 사나

우리가 긴 여행을 할 수 있었던 이유

세계의 모든 해변을 헤아려볼 때 완차코는 완벽했다. 에메랄드 물
빛이 있었던 것도 아니고 모래가 반짝였던 것도 아니었다. 하지만 완
차코의 해변에는 편안한 일상이 묻어 있었다. 낭만적이진 않지만 지
친 여행자를 쓰다듬어주는 매력이 있었다.

와라즈에서 출발해 완차코에 닿은 것은 새벽 4시였다. 잠에서 덜 깬
버스에서 내리니 모든 시선이 우리에게 쏠려 있었다. 머리색이 까만
여자 둘이 부스스한 채 거대한 가방을 끌고 내린 꼴이 이상했을까.

미리 알아둔 숙소를 가기 위해 서둘러 아무 택시나 올라탔다. 택시
기사는 친절했지만 숙소를 찾지 못해 한참을 헤맸다. 새벽의 동네는
아무도 살지 않는 것처럼 고요했다. 잘못 착륙한 우주의 어느 행성

완차코 바다는 서핑 보더들에게 천국이다.

완차코의 마스코트, 갈대로 만든 전통 배 카바이토스(caballitos).

같았다. 택시는 동네를 빙빙 돌고 나서야 쪽지에 쓴 주소 앞에서 우리를 내려줬다.

문을 몇 번이나 두드리자 졸린 듯 보이는 한 아저씨가 나왔다. 아저씨는 일단 자라며 방 하나를 내줬고 우리는 낯설고 허름한 공간에 들어섰다. 방의 공기는 시큼했고 잠도 오지 않을 것 같았다. 짐도 풀지 않고 집 앞 해변에 나가기로 했다.

어두운 바다엔 아무도 없었다. 완전히 낯선 세상이었다. 해변가에 앉아 아침이 오기를 기다릴 수밖에. '토토라'라고 불리는 갈대로 만든 배가 고기잡이를 마치고 서서히 해안가로 들어왔다. 갈대로 엮어 만든 배가 그 넓은 바다 위를 다닌다는 것이 믿기지 않았다.

조금씩 해가 떠오르기 시작했고, 모르는 언어가 저 멀리서 들려오기 시작했다. 레나 선배가 떠난 뒤 처음 맞는 일정이었다. 그동안 선배에게 많은 부분을 기댔었다. 새벽에 낯선 도시에 떨어져 숙소를 구하지 못할 때도 선배는 우리를 그 자리에 두고 혼자 숙소를 찾으러 갔다. 우리는 그 자리에서 무거운 짐을 지키고 사람들을 경계하며 레나 선배가 오기만을 기다렸다. 기댈 수 있는 사람이 있다는 건 얼마나 마음 든든한 일인지.

"레나 선배 없으니까 허전하다"라는 말로 시작해 우리는 그동안의 여행에 대해 조금씩 말을 꺼냈다. 텅 빈 해변이었기에, 아무도 우리를 방해하지 않았기에 할 수 있었던 이야기. 두 달이 넘게 단 한 순간도 떨어지지 않고 붙어다녔던 우리는 서로의 마음을 상하게 한 적이 없었다. 스치던 여행자들은 묻곤 했다.

"싸운 적 없었어요?"

우리는 서로에게 서운한 게 없었다. 그건 너무나 신기한 감정이었다. 처음에 기나긴 시간 동안 여행을 할 수 있을지 망설였던 건 나였다. 세계일주를 가자고 호언장담을 했던 것도 나였고, 막상 떠난다며 막내 로라가 회사에 사표를 냈을 때 주저했던 것도 나였다. 빈말이 준 혹독한 결과였다. 그리고 그 후 두 사람은 한 달의 시간을 기다려줬다. 갈까 말까 하는 반반의 마음에서 가자 쪽으로 기울게 된 건, 그저 묵묵히 나를 지켜봐주고 결정을 기다려준 레나 선배와 로라 덕분이었다.

시작부터 쉽지 않은 여행이었고 기다려준 마음이 고마워, 여행하는 동안 서로의 마음이 상하는 일이 있다면 그저 내가 져주기로 마음 먹었다. 하지만 여행을 하면서 그런 적이 단 한 번도 없었다. 그건 서로를 대하는 마음 덕분이었다. 상대를 바라볼 때 나쁜 점을 보지 않고 좋은 점을 더 크게 봤다. 그것이 서로를 빛나게 했다.

긴 여행 후, 처음으로 레나 선배가 떠난 그 해변에서 로라와 이야기를 나눴다. 그때 해변에서 조금씩 빛났던 우리의 감정을 공처럼 작고 동그랗게 말아서 주머니에 넣었다. 오래 간직하고 싶었으니까.

아무것도 하지 않는 시간의 소중함

완전히 해가 떴지만 시큼한 냄새가 나는 숙소로는 돌아가고 싶지 않았다. 숙소를 옮기기로 했다. 숙박비를 미리 지불하지 않았던 것은 다행이었다. 살금살금 숙소에 들어갔는데 아무도 없었다. 몇 시간 짐을 놓아둔 곳이기에 서툰 스페인어로 미안하다는 말과 함께 약간의 돈을 탁자에 두고 빠져나왔다. 어디로 갈지 막막했고, 제대로 잠을 자지 못했기에 지쳐 있었다.

"그래도 여긴 휴양지잖아!"

그렇게 말한 로라가 숙소를 찾기 위해 앞장섰다. 기분을 내보자며 바닷가 근처 숙소를 기웃거리기 시작했다. 비교적 저렴한 가격에 깨끗하고 작은 호텔로 들어섰다. 새하얀 침구와 바다가 보이는 테라스에 들어서니 마음이 한결 나아졌다. 깨끗한 숙소를 만나는 건 여행의 또 다른 행운이었다.

짐 정리를 하자 출출해진 우리는 무작정 해변으로 나갔다. 그러곤 바닷가 앞에서 예쁜 레스토랑을 만났다. 여행자들이 종종 들르는 곳인지 가이드북이 차곡차곡 꽂혀 있었다. 정원에 자리를 잡고 위를 올려다보니 나뭇잎이 한들한들, 그늘이 있는 완벽한 여름이었다. 이렇게 소소한 것에 갑자기 들어차는 행복. 이것을 알게 해준 것 역시 여행이었다.

파스타와 샌드위치를 시켜서 배불리 먹고 바닷가로 뛰어갔다. 파라솔을 빌려 모래사장에 누웠다. 음악을 틀었고, 책을 폈다. 시간이 갈수록 여행은 느슨해지는 법. 그건 잘못된 방향이 아니란 걸 우린

여유로움이 넘치는 완차코 여행자들.

아침에 토토라를 타고 잡아온 물고기들.

아무것도 하지 않았던 해변에서의 하루, 달콤해~

서퍼들의 천국, 완차코.

모든 것이 여유롭기만 했던 휴양지. 남미 여행도 잠시 휴식을.

잘 알고 있었다. 선글라스 파는 아저씨가 다가왔고, 양갱처럼 생긴 과자를 파는 할아버지도 말을 걸어왔다. 선글라스를 샀고, 과자를 먹었다. 무엇이든 호의적으로. 마음이 해변처럼 넓어지고 있었다.

바다를 이렇게 자세히 들여다본 적이 있었을까. 수평선 위로 은빛 물고기들이 튀어올라오는 게 오선지의 음표 같았다. 바다에서 음악이 흘러나오고 있었다. 눈으로 들을 수 있는 바다의 연주에 푹 빠져 해가 질 때까지 몇 시간이고 해변에 머물렀다.

그렇게 우리는 이틀을 더 머물렀다. 아무것도 하지 않았던 시간인데, 이상하게 깊어지고 빛이 났다.

남미에서 꼭 해봐야 할 것이 있다면 24시간 이상, 2층 맨 앞자리에서 버스를 타보는 일이다. 드넓은 대지를 비행기가 아닌 버스로 다니는 것이 막막할 것 같다고? 하지만 남미에서는 버스 여행이 보편적이다. 비행기보다 저렴하고 창밖을 통해 그 나라의 풍경을 줄거리처럼 감상할 수 있다.

버스는 좌석 등급에 따라 베개와 담요는 물론 음료와 주전부리가 쉴 새 없이 제공되기도 한다. 또 식사 때마다 비행기에서처럼 기내식이 나온다. 우아하게 와인을 마실 수도 있다.

우리나라는 보통 버스에 화장실이 없지만 남미의 버스는 화장실이 필수다. 때문에 휴게소를 들르지 않고 도로를 달리는 경우가 많다. 남미 버스에서는 짐을 실어주는 사람에게 약간의 팁을 주는 것도 센스다.

버스는 좌석의 넓이나 젖혀지는 정도, 식사의 질, 시설 등에 따라 등급이 나뉜다. 일반 좌석버스인 '세미카마(Semi Cama)'는 140도 정도 젖혀지고 발받침이 있다. 우등버스 '코체카마(Coche Cama)' 또는 카마라고 불리는 좌석은 세미카마보다 넓고 푹신한 의자와 넓은 발받침이 있으며 160도 정도까지 젖혀진다. 장거리 버스 여행에서 보통 카마를 많이 이용한다. 최고급 '수이테카마(Suite Cama)'는 푹신한 시트에

180도까지 젖혀지며 칸막이가 있기도 하다. 식사도 최고급으로 제공된다. 버스 회사를 제쳐두고라도 최고급 좌석을 선택하면 편안하고 즐거운 버스 여행을 할 수 있다.

1 아르헨티나

크로세로델노르테(Crucero del Norte), 마르코폴로(Mrcopolo) 등이 대표 버스회사다. 아르헨티나의 버스는 평균 이상의 서비스와 시설을 갖추고 있다. 어느 버스를 골라도 실패 확률이 적다.

2 칠레

투르버스(Tur bus)는 칠레에서 가장 안전하고 편한 버스다. 콘도르(Condor), 리네아(Linea) 버스도 많이 이용하는 편이다. 칠레의 버스에서 인상 깊었던 것은 까다로운 안전 수칙이다.

버스 안을 수시로 점검하고 현재 속도와 운전자의 이름 및 운전 시간을 전광판을 통해 실시간으로 알 수 있다. 대형버스는 100km 이상 달릴 수 없으며 한 운전사가 5시간 연속으로 운전할 수 없다.

3 볼리비아

남미에서 최악의 버스를 이용한 곳이 바로 볼리비아다. 버스를 잘못 고르면 화장실

이 자물쇠로 잠겨 있기도 하고, 버스의 청결도
좋지 않다. 오마르(Omar)와 파나메리카나
(Panamericana)가 있는데 다른 나라보다 버스
가격도 저렴한 편.

4 페루

크루즈델수르(Cruz del Sur)와 울툴사(Oltursa)는 가격만큼이나 편한 여행을 보장한

다. 경제적으로 여유 있는 현지인들이 많이 이용하
는 버스다. 미리 예약하지 않으면 에투사
(Etucsa)를 타야 하는데 낡긴 했지만 자금이
넉넉하지 않은 여행자에게 저렴한, 꽤 괜찮
은 버스다.

5 콜롬비아

콜롬비아에서는 단연 볼리바리아노(Bolivariano)
버스다. 잘 터지는 와이파이, 넓은 좌석, 충전기
단자까지 있는 최고의 서비스를 제공한다.

Chapter 5

Ecuador

적도의 나라에서 여행의 속도를 되찾다, 에콰도르

에콰도르는 광활하기보다는 소소한 느낌의 나라다.

남미의 압도적인 자연을 지나오며

감탄의 연속이었던 여정.

여행의 끝 무렵,

에콰도르에선 휴식이 필요했다.

버스를 타고 세 도시를 다녔는데,

가장 먼저 떠오르는 것은 구름이었다.

매 순간마다 푹신한 구름이 하늘에 떠 있었고,

그 구름처럼 포근한 사람들을 만나

우리의 여행은 더욱 따뜻해졌다.

쿠엥카
호젓한 공원에서 쓴 반성문

from 사나

고풍스러운 분위기가 물씬!

긴 여행의 장점은 도시 안쪽에 위치한 공원마저도 둘러볼 수 있다는 것이다. 우린 도시마다 공원을 찾았는데 그때의 기억들은 모두 소소하지만 특별한 것으로 남아 있다. 가느다란 바람에 미소 짓게 했던 콜롬비아의 메데인(Medelin) 공원, 나뭇잎 날리는 곳에서 소풍 기분을 냈던 아르헨티나의 멘도사 공원 등 남미 곳곳에 있는 공원에선 일상인 듯 여행인 듯 묘한 기분을 누릴 수 있었다. 에콰도르에서 첫 번째로 만나는 도시 쿠엥카. 그곳에서 토메밤바 강가를 따라 동쪽으로 걷다 보니 드넓은 공원 하나가 나왔다.

쿠엥카에 도착하면 늘어지게 낮잠부터 자고 싶었다. 국경을 넘을 때면 늘 고단해지는데, 온몸으로 긴장을 받아들여야 하기 때문이리

조금 더 헐거워진 여행, 조깅도 즐겼다.

공원에서 조각 과일을 사고 있는 로라.

유독 벽화가 많았던 도시, 쿠엥카.

라. 에콰도르 국경 도시는 끈적거리고 복잡했다. 이방인에게 히죽히 죽 웃는 현지인에게 기분이 상했고, 리어카에서 파는 음식엔 파리들이 꼬여 있었다. 쿠엥카로 향하는 버스에 올랐을 때 비로소 마음이 놓였다. 버스는 6시간 만에 쿠엥카에 들어섰다. 버스 아래 펼쳐진 마을은 마치 유럽의 소도시 같았다. 도시 전체가 유네스코 문화유산에 지정되었을 정도로 고풍스러운 분위기. 유럽풍의 건물은 스페인 식민지 시대에 지어진 것들이었다. 옛것이 주는 따스한 분위기를 좀 더 느끼고 싶어 며칠 더 머물며 자세히 보기로 결정!

에콰도르에서 세 번째로 큰 도시인 쿠엥카는 구시가지와 신시가지로 나뉘어 있었다. 우린 신시가지의 스타디움에서 현지인들 틈에 끼어 축구 경기를 보기도 하고, 구시가지 로마네스크와 신고딕 양식으로 지어진 성당 사이로 난 길을 따라 느긋하게 산책도 했다. 또 가볼 만한 곳이 없는지 호스텔 주인장에서 물어보자, 망설이지도 않고 공원을 추천했다.

"자전거를 타고 가도 좋고 개천을 따라 걸어도 괜찮을 거예요."

일정 빡빡한 여행자들에겐 조깅이 쉽지 않지만 우린 여유 있게 며칠을 머물 예정이기 때문에 아침 7시 운동복 차림으로 길을 나섰다. 예술작품 같은 벽화와 반짝이는 물길을 따라 천천히 뛰자 기분이 좋아졌다. 우린 오랜만에 운동을 한 탓에 금세 출출해져 작은 식당에 들어갔다. 주인장은 보고 있던 신문을 덮고 천천히 커피를 내렸다.

금강산도 식후경!　　　　　　　　　　　　열정적인 남미 축구에 푹 빠진 날.

놀랄 만큼 맛있는 커피 맛에 감탄하며 아침의 여유를 흠뻑 느꼈다.
할아버지 몇 분이 들어오시더니 우릴 보고 웃으셨다. 낯설지만 기분
좋은 아침 인사였다.

　공원은 식당 옆에 있었다. 우거진 숲을 지나가자 너른 잔디가 펼쳐
졌다. 요가를 하는 아주머니 무리와 공놀이 중인 아빠와 아이들, 축
구 연습을 하는 여자 선수들 등 꼭 일요일 같은 분위기가 느껴졌다.
알고 보니, 남미는 어머니의 날과 아버지의 날이 한 달 건너 따로 있
는데, 오늘은 '어머니의 날'이었다. 그래서 평일인데도 여유로운 느
낌이 든 것이었다.

　벤치에 앉았다. 풍경 하나하나가 마음에 평화를 불러왔다. 공원 한
편에 있는 분주한 아이 셋이 눈에 띄었다. 가까이 다가가보니 떨어진
꽃잎을 모아 무엇인가를 만들고 있었다. "Feliz dia Mama"라는 글
자였다. 'Mama'는 엄마라는 뜻인데……. 가까이 다가가자 아이들은

수줍은 듯 밝은 얼굴로 천천히 말했다.

"엄마를 기쁘게 해주고 싶었어요. 오늘은 엄마의 날이니까⋯⋯."

아이들의 손이 바빠졌다. 파란 잔디 위의 알록달록한 꽃잎들이 좋은 향기를 풍기는 것 같았다.

가장 쉽게 스스로를 행복하게 만드는 방법

엄마 생각이 났다. 지구 반대편에서 내 생각을 하고 있을.

"난 지금까지 행복했던 기억이 별로 없다. 나를 위해 산 적이 거의 없어. 지금 와서 생각해보면."

여행을 떠나기 전, 엄마의 말에 가슴이 와장창 무너졌었다. 엄마가 가장 좋아하는 TV 프로그램은 여행 관련 프로였다. 히말라야나 아마존, 아프리카의 평원 등 도시보다 거대한 자연 풍경에 흠뻑 빠졌다. 그 풍경을 앞에 두고 묵묵히 바라만 보았다. 알고 있었다. 엄마는 그곳에 갈 수 없다는 것을.

엄마는 늘 아팠지만 동시에 아프지 않기도 했다. 유치원 때부터 수술과 입원을 반복하면서도 도시락을 거른 적도, 학원비가 밀린 적도 없었다. 잠시 자리를 비우고 돌아와서는 아프지 않은 척 집안일을 했다. 초등학교 때인가, 수업을 마치고 집에 왔는데 밥과 반찬이 많이 만들어져 있었다. 그리고 식탁에 꾹꾹 눌러쓴 쪽지 하나. '엄마가 미안하다.' 엄마는 수술을 받으러 짐을 꾸려서 버스를 타고 병원에 갔을 터였다. 나는 그 쪽지를 들고 주저앉아 엉엉 울었다.

꽃잎으로 하나하나 '엄마의 날'이라고 새긴 아이들.

쿠엥카에서 발견한 행운, 네잎클로버.

엄마는 지금도 새벽이면 병원에 가서 신장 투석을 받는다. 일주일에 세 번. 그리고 6시간 후에 집으로 돌아온다. 평생을 그렇게, 앞으로도 그렇게. 돌아와서 밥을 하고 빨래를 하고 마당을 돌보고 오빠네 가족과 아빠, 나를 걱정하고, 드라마를 보다 마루에서 혼자 우두커니 잠든다. 달빛이 스며들 때 엄마의 얼굴을 가만히 들여다본 적이 있었다. 그때, 아무것도 모르고 서울로 올라온 20대의 엄마가 겹쳐 보였다. 억척스러우면서도 연약했던 소녀 같은 엄마는 이제는 정말 가느다란 몸을 가지게 되었다.

난 좋은 딸이 아니라고 속으로 생각했다. 엄마가 원하는 행복이 무엇인지 모르고, 안다고 해도 나를 위한 시간을 더 챙기는, 엄마 앞에서는 이기적인 인간이었다.

엄마에게 엽서를 썼다. 남미의 자연이 담긴 사진에 내 이야기를 썼다. 엄마를 생각하고 있는 딸이 지구 반대편에 있다고. 아빠와 잘 지내야 한다고. 그리고 지키지 못한 엄마와의 약속도 미안하다고.

늘 버팀목이 되어주던 아빠에게도 감사의 인사를 전했다. 걱정하면서도 내색하지 않으려는 아빠의 깊은 마음이 느껴져 콧등이 시큰해졌다. 아이들 덕분에 부모님이 생각났고, 처음으로 집이 그리워졌다. 아빠가 매일 가꾸는 초록빛 채소도, 새벽에 일어나 운동하며 넣는 기합 소리도.

커가면서 온전히 자신을 위해서만 살고 있는 느낌이 들곤 했다. 부모님뿐만 아니라 누군가의 기념일을 챙겨주는 일은 줄어들고, 축하한다는 말은 생략한 채 지냈다. 누군가를 기쁘게 해주는 것은 가장 쉽게 스스로를 행복하게 만드는 일이기도 하다는 것. 그것을 잊고 있던 요즘, 행복하고 싶다는 바람만 지니고 살았던 이기심 속에서 답을 찾은 기분이었다.

세女행자들님이 새로운 사진 11장을 추가했습니다.
게시자 박산희 [?]   2015년 5월 3일

[남미여행 57일차]_#Ecuador #Cuenca
쿠엔카엔 작은 물길이 흐른다. 아침 일찍 일어나 조깅모드! 예쁜 벽화를 만났고 작은 가게에 들어가 아침도 먹었다. 그리고 아주아주 예쁜 공원, Parque El paraiso에 갔다. 아빠와 아들은 공놀이를, 연인들은 이야기를, 유니폼을 입은 선수들은 축구 연습을. 그곳에서 멋진 청년 Kevin도 만났다. 공원 한편, 아이들이 꽃잎을 모아 글자를 만들고 있었는데, '엄마의 날' 이란 뜻. 마음 따뜻한 아이들을 오래 기억할듯. 오후엔 가려던 박물관 갤러리가 다 문을 닫아 실망. 대신 쿠엔카의 마지막 밤을 오래 기억하고 싶어, 근사한 레스토랑에 갔다. 파스타와 피자, 와인. 모처럼 여유롭고 달달한 일정을 ☺

푸에르토키토
가브리엘 농장에서 꺼내본 유년의 보물상자

from 로라

가브리엘 농장의 여섯 남매와 그 밖의 동물 친구들

아르헨티나, 칠레, 볼리비아, 페루를 돌며 남미의 대자연은 이미 경험했다. 거대한 산, 어마어마한 규모의 빙하 등 그야말로 입이 쩍 벌어질 만한 자연의 신비를 보았지만 왠지 손 닿지 않는 먼 곳에 있는 느낌이랄까. 에콰도르 바뇨스에서 할 예정이었던 아마존 체험을 포기하고 농장 체험을 선택한 것은 소박하고 친근한 자연을 가장 가까이에서 느끼고 싶었기 때문이다.

키토에서 3시간을 쉬지 않고 굽이굽이 달려, 10분간 툭툭이를 타고 푸른 숲을 지나야만 도착할 수 있는 곳. 에콰도르 푸에르토키토의 가브리엘 농장은 마치 동화 속에서나 나올 법한 비밀의 정원을 떠올리

가브리엘 부부의 사랑스러운 막내딸과 검둥이.

게 했다. 농장에 도착하자 여섯 명의 아이들이 우르르 몰려나왔다.
가브리엘 부부의 사랑스러운 아이들과의 첫 대면이었다. 호기심 어
린 눈빛으로 우릴 올려다보는 육 남매의 모습이 왠지 낯설지 않았다.
　짐을 부리고 마당으로 나왔다. 넷째 딸 마라솔이 연둣빛의 새를 손
가락으로 쓰다듬고 있었다. 슬쩍 다가가니 내 손에 새를 올려주겠단
다. 손을 내밀자 보드라운 깃털이 포근히 내려앉았다. 새의 따뜻한
체온이 손가락을 타고 느껴졌다. 두 눈을 껌벅이며 마주치는 요 녀석
이 씽긋 인사를 해오는 것 같아 자꾸 웃음이 났다. 작고 여린 새가 다
칠세라 조심조심 쓰다듬고 있는데 이번엔 마라솔이 젖도 못 뗀 앙증
맞은 강아지 삼 형제를 안고 다가왔다. 손톱만 한 발바닥을 휘저으며

어린 시절로 돌아간 듯한 로라는 신바람이 났다.

갓 딴 과일이 한가득이었다.

우리말도 종알종알 따라했던 앵무새.

주렁주렁 매달린 바나나를 보며 달콤해졌다.

바동거리는 그 모습이 귀여워 어쩔 줄 몰라하니, 조심스레 품에 안겨
주었다. 보드라운 털이 닿자 가슴이 콩콩 뛰었다. 나를 바라보는 아
이들의 큰 눈동자는 내 모습이 비칠 정도로 맑았다.

동심으로 돌아가 유년을 추억하다
　점심식사 후 과일농장을 둘러볼 때도 아이들과 함께했다. 농장 여
기저기를 쏘다니며 다양한 과일을 맛보는 시간이었는데, 아빠가 손

짓하자 둘째 아들이 신발을 훌렁 벗어던지고 스파이더맨처럼 순식간에 나무에 올랐다. 새카만 발바닥으로 성큼성큼 나무를 타는 모습이 한두 번 해본 솜씨가 아니었다. 꼭대기에 열린 열매를 따 나무 밑으로 던지면 가브리엘 씨는 칼로 먹기 좋게 열매를 잘라 우리에게 나눠줬다. 아빠와 아들은 환상의 콤비!

문득 아빠와의 추억 하나가 떠올랐다. 주택 임대업을 하던 아빠와 밤마다 '방 있음' 전단지를 붙이러 다닌 일. 환한 가로등이 비추는 전봇대 앞에서 아빠는 전단지를 붙였고 나는 종이를 붙일 테이프를 떼어 아빠에게 건넸다. 우리 역시 환상의 콤비였다! 집으로 돌아오는 길, 내 손엔 아이스크림이나 과자가 쥐어져 있었고, 나는 매번 아빠와의 외출을 손꼽아 기다렸다.

가브리엘 부자의 모습이 그때의 나와 아빠 같았다. 가브리엘 씨는 갓 딴 열매를 서투른 영어로 설명해주기도 했다. 워낙 생소한 이름이

수십 가지의 과일을 바로 따서 맛볼 수 있는 가브리엘 농장.

라 머릿속에 들어오진 않았지만 그 달콤한 맛은 아직까지도 혀끝에 생생하다. 막내딸 멜리사는 어느새 내 옆에 딱 붙어 같이 과일을 맛봤다. 달달한 맛이 입안 가득 퍼지면 누가 먼저랄 것도 없이 서로를 바라보며 빙그레 미소 지었다. 멜리사는 내 팔다리에 벌레가 붙어 있을 때마다 작은 손을 꼬물거리며 떼어주기도 했다.

농장 끄트머리에는 넓게 펼쳐진 강이 흘렀다. 더운 날씨에 온몸이 땀범벅이었는데 잘됐다 싶어 그대로 풍덩! 든든하게 아빠 옆을 지키던 둘째 아들도 물에 뛰어들더니 영락없는 어린아이처럼 신나게 물장구를 쳤다. 뒤따라 셋째, 막내딸도 망설임 없이 입수! 욕심껏 손바닥으로 물을 퍼 담아 아이들을 향해 뿌렸다. 꺄악, 소리를 질러대며 마음껏 웃고 떠들었다. 만난 지 몇 시간 만에 우리는 친구가 되었다. 맑은 아이들의 동심에 나도 서서히 물들어갔다. 강가는 금세 웃음소리로 가득 찼고 물빛에 비친 내 얼굴은 아이들의 얼굴만큼이나 천진난만해 보였다.

물놀이에 힘이 빠져 멍하니 앉아 있는데 아이들이 하나둘씩 곁으로 다가왔다. 여전히 호기심과 호감을 드러내며 우리만 바라보는 아이들을 보니 뭔가 해주고 싶었다. 나른해진 몸을 일으켜 함께 놀자고 제안했다. 가까이에 모래밭이 있기에 모래성에 막대기를 꽂아 쓰러뜨리는 일명 '오줌싸개 놀이'를 알려줬다. 말은 잘 통하지 않았지만 손짓 발짓으로 알려주니 눈을 반짝이며 놀이에 집중하는 아이들!

어린 시절 내 모습이 떠올랐다. 언니들이 나를 앉혀놓고 이런저런 놀이를 가르쳐주던 그때가. 부모님이 바빠서 우리 네 자매끼리 놀아야 했는데, 언니들은 알려준 놀이를 잘 못 알아들으면 내 머리를 쥐어박기도 했다. 막내 멜리사가 나무 막대기를 자꾸 건드리며 실수를 하자 보다 못한 언니들이 조잘대며 윽박질렀다. 입을 삐쭉 내미는 멜리사의 얼굴이 어릴 적 내 모습 같아 픽 웃음이 났다. 아이들은 지구 반대편에서 온 낯선 언니의 놀이가 생각보다 재미있었는지, 손뼉을 치며 어느 때보다 많이 웃고 떠들었다.

신나게 놀고 집으로 가는 길, 아이들과 손을 잡고 걸었다. 정체를 알 수 없는 노래를 흥얼거리며 리듬에 맞춰 손을 흔들기도 했다. 아이들의 밝은 웃음, 경쾌한 발걸음, 시원한 오후 날씨. 가슴이 벅차올랐다.

"자연에서 뛰어놀아 그런지 아이들이 정말 밝은 것 같아. 푸른 밭과 나무 위가 놀이터고, 집 안엔 언제든지 뛰어들 수 있는 야외 수영장이 있고, 행복을 나눌 수 있는 형제들도 많고. 쟤넨 나중에 정말 건강한 어른이 되겠다, 그치?"

밝게 뛰어노는 아이들의 모습을 흐뭇하게 바라보며 중얼거렸다. 그때 옆에 있던 사나 선배가 내 어깨를 툭 치며 하는 말.

"너도 어릴 때 저렇게 크지 않았어?"

그 말에 갑자기 정신이 번쩍 들었다. 오랜 도시 생활을 하는 동안 뒤뜰에 있는 강으로 뛰어드는 아이.

마치 정글 속에 서 있는 느낌.

까맣게 잊고 있었던 어릴 적 살던 공간이 불현듯 떠올랐다. 언니들과 평상에 앉아 시원한 수박을 베어 물며 바라본 밤하늘, 뒷마당에선 하얀 분필로 선을 그어 땅따먹기를 했고, 빈 항아리에 붉은 벽돌을 곱게 갈아 김치를 담그기도 했다. 마당을 뛰어다니느라 새카매진 발로 방에 들어가 엄마한테 야단맞던 일. 가브리엘 농장처럼 크진 않았지만 작은 텃밭이 있고 마당이 있는 우리 집은 마치 낙원 같았다. 기억을 더듬어보니, 나는 가브리엘 아이들만큼이나 행복한 곳에서 어린 시절을 보냈다.

누구에게나 빛나는 어린 시절의 기억이 있기 마련이다. 그것은 까만 밤하늘을 촘촘히 수놓은 별일 수도 있고, 가족과 함께한 어떤 특별한 날일 수도 있다. 슬쩍 떠올리면 지그시 미소 짓게 하는 그런 유년의 보물상자를 나는 아주 오랜만에 열어보았다. 그래서일까, 가브리엘 농장에서의 이틀은 그 어떤 곳에서보다 편안했다. 나중에 사나 선배는 남미 여행 중 그때의 내가 가장 행복해 보였다고 말해줬다.

농장을 떠나던 날, 아이들은 모두 학교에 갔는지 찾아볼 수 없었다. 작별인사를 하지 못해 아쉬웠지만 텅 빈 마당을 바라보며 아이들의 천진난만한 미소를 떠올렸다. 전해주고 싶었다. 지금의 아름다운 시간을 꼭 기억했으면 좋겠다고. 그리고 오래 묻어두었던 내 찬란한 어린 시절을 꺼내줘서 많이 고마웠다고.

바뇨스
포기해도 괜찮아

from 로라

천혜의 자연을 간직한 바뇨스

"레포츠는 다 해보지 뭐! 모두 다 클리어 해주겠어!"

신나게 놀 수 있다는 생각에 어떤 도시를 갈 때보다 두근거렸다. 에 콰도르의 바뇨스는 숲, 강, 온천으로 둘러싸인 천혜의 자연, '레포츠 천국'으로 불린다. 가격도 저렴해 주머니가 가벼운 배낭여행자들에 겐 최고의 여행지로 알려져 있다.

안데스 산 중턱에 있는 마을이라 가는 길이 참 예뻤다. 웅장한 산 등성이가 끊임없이 선을 잇고 깊은 계곡엔 맑은 물이 흘렀다. 좁은 숲길을 쌩쌩 달릴 땐 창문을 활짝 열고 상쾌한 공기를 들이마셨다. 자연이 주는 신선한 기운이 몸속에 꽉 들어차는 기분.

바뇨스에는 오직 하나, 액티비티를 즐기기 위해 모여든다.

마을에 도착한 시간은 저녁 7시. 장시간 버스 안에 갇혀 있다 나오
니 에너지가 마구 솟구쳤다. 20킬로그램이 넘는 거추장스러운 배낭
을 내동댕이치고 빨리 놀고 싶었다. 신나게 즐길 수 있다는 자신감과
충분한 수면으로 충전된 체력은 완벽. 바로 산이라도 탈 기세였지만

그러기엔 너무 늦은 시간이었다. 대신 호스텔 직원을 통해 내일 할 레포츠(래프팅과 캐뇨잉)를 예약했다.

"로라야, 너무 힘들지 않겠어?"

두 개 다 체력을 많이 쓰는 액티비티라 걱정이 됐는지 사나 선배가 물었다.

"괜찮은데요? 지금 몸 상태 완전 좋은데? 둘 다 물에 빠지는 거니까 한 번에 해치워버리자!"

사나 선배는 은근 체력이 약한 날 걱정했다. 재차 정말 괜찮겠느냐고 물었지만 나는 무조건 오케이를 외쳤다. 계획한 레포츠는 다섯 개. 바뇨스에 머무는 3일 동안 모든 레포츠를 다 해보려면 하루에 두 가지씩은 해야 했다. 래프팅을 빼곤 모두 처음 해보는 거라 두렵기도 했지만 기대가 더 컸다.

나는 새로운 뭔가에 도전하는 게 좋았다. 3개월간의 남미 여행도 마찬가지. 이 대륙에 어떤 나라가 붙어 있는지도 모르면서 호기심과 기대만 가지고 과감히 떠나왔다. 잘 다니던 회사를 때려치운 뒤 비행기에 오르기 보름 전에야 비로소 부모님에게 3개월의 여행을 통보했다. 그리고 말처럼 쉬운 일은 아니었지만 꾸역꾸역 소화했다. 그렇게 떠나온 남미에서 새로운 레포츠에 도전하는 것쯤은 아무 일도 아니라고 생각했다. 머나먼 남미까지 왔는데, 내가 뭘 망설이겠는가. 기필코 남들 하는 건 다 해야 했다. 후회 없이!

상쾌한 아침, 발걸음은 가벼웠고 콧노래가 절로 나왔다. 숙소 앞에 대기한 흰색 봉고차엔 약 열 명의 외국인이 앉아 있었다. 누가 먼저랄 것 없이 밝게 인사하고 래프팅 하러 출발! 1시간을 내달린 봉고차는 드넓은 강으로 우리를 쏟아냈다. 슈트와 장비를 챙겨 강 물살에 맞설 준비 완료! 몸에 착 감기는 슈트 때문에 민망하고 답답했지만 안전을 위해 더욱 짱짱하게 당겨 입었다. 노를 젓는 요령과 주의사항에 대한 교육을 받은 뒤 강가로 들어갔다. 생각보다 잔잔한 물살에 긴장된 마음이 조금 풀어졌다. 물을 무서워하는 사나 선배는 여전히 경직된 표정. 그런 그녀에게 비장하게 말했다.

"우린 살아 돌아올 거야, 선배!"

보트는 생각보다 빠르게 미끄러져 내려갔다. "원 투 스리, 원 투 스리." 구령에 맞춰 열심히 노를 저었다. 크고 작은 물살이 거침없이 밀려와 우리 배를 덮쳤고 덩치 큰 놈이 올수록 더 크게 소리 질렀다. 말은 통하지 않았지만 눈빛, 손짓으로 서로를 응원했다. 레포츠의 매력이 바로 이런 게 아니었던가. 힘을 합쳐 이겨내는 것. 어쩐지 동지애가 느껴졌다. 사나 선배와 눈을 마주치자 같이 피식 웃었다. 첫 번째 미션 클리어!

결국, 앓아눕다

점심식사를 마치고 쉴 틈 없이 바로 캐뇨잉 하러 움직였다. 캐뇨잉은 계곡 꼭대기로 올라가 줄을 타고 내려오는 레포츠다. 줄 하나에

래프팅, 미션 클리어!

의지해 내리꽂는 물살을 뚫고 바위를 밟으며 하강해야 했다. 심장이 쫄깃해지는 건 기본이고 엄청난 힘이 필요했다. 만만하게 봤던 캐뇨잉은 사실 내게 무리였다. 무조건 할 수 있다고 생각했는데, 너무 무서워 주저앉아 울고 싶었다. 발을 계속 헛디뎌 위험했던 순간도 많았고 포기하고 싶었지만 이미 꼭대기로 올라간 후라 뒷걸음질 칠 수도 없었다. 눈을 딱 감고 굳은 몸을 간신히 움직여 겨우 캐뇨잉을 끝냈다. 하지만 해냈다는 감동보다 앞뒤 안 가리고 호기롭게 도전한 내가 어쩐지 창피해 얼굴이 화끈거렸다.

결국 다음 날 나는 몸져누웠다. 온몸에 통증이 느껴졌고 감기 기운에, 속까지 안 좋아 종일 끙끙 앓았다. 예약해놓은 레포츠는 취소해야 했고, 사나 선배는 한국에서도 해본 적 없는 야채죽을 끓여야 했다. 미안했다. 나 때문에 아무것도 할 수 없는 하루가 돼버려서.
무거운 몸을 침대에 파묻고 있는데 문득 마추픽추에서 힘겹게 내려올 때 레나 선배가 했던 말이 생각났다.

"로라야, 힘들면 힘들다고 말해. 무조건 파이팅 넘치게 시작하지 말고! 자신 있게 도전하는 건 좋지만 스스로를 좀 돌보라고. 우리는 여행을 하는 거지, 무언가를 이루기 위해서 온 게 아니야."

두 달간 남미 여행을 하면서 매번 파이팅이 넘쳤다. 어렵게 온 남미 여행이라 계획했던 일은 다 해내야 했고, 남들이 하는 건 나도 해야 직성이 풀렸다. 그러다 스스로를 못 이겨 앓아누웠고 스케줄이 미뤄진 적도 여러 번. 혼자만의 여행이 아니기에 발맞춰 함께 가야 하는데 혼자 신나게 뛰어가다 넘어져 다쳤다. 선배들은 내 무릎에 약을 발라줘야 했고 항상 나를 걱정해줘야 했다.

고백하자면 나는 닥치면 무조건 하게 된다는 생각의 소유자다. 그래서 깊이 생각하지 않고 우선 부딪치고 본다. 이런 점은 나이가 들면서 오기로 변해갔다. 이를 악물고 '어디 한번 와봐라, 다 상대해주겠다!' 와 같은. 여행을 대하는 자세도 그랬다. 포기하지 말고 무조건 해야 한다는 생각, 내 여행은 완벽해야 한다는 생각. 사실 천천히 가면 되는 일인데, 꼭 완벽히 해내야 할 필요는 없는데, 알면서도 유독 스스로에게만 엄격하게 대했다. 그동안 나에게 얼마나 많은 상처를 줬던 걸까.

하루를 꼬박 앓고 나니 제법 괜찮은 컨디션으로 일어날 수 있었다. 최대한 몸에 무리가 가지 않는 선에서 레포츠를 즐겼다. 번지점프는

도전, 패러글라이딩! 붕붕 뜬 기분은 최고!

드디어 하늘을 날았다!

포기했다. 그 대신 정말 하고 싶었던 패러글라이딩에 도전. 언덕 위에 올라 폴짝 하늘 위로 날아올랐다. 상쾌한 바람이 온몸을 휘감았고 손을 뻗으면 구름이 살짝 묻어날 것만 같았다. 지그시 눈을 감고 온몸이 가벼워지는 허공의 자유를 만끽했다.

그래, 힘들면 쉬어가도 돼. 가끔은 포기해도 좋아! 머나먼 남미에서 나는 이렇게 또 하나를 배웠다.

세女행자들님이 새로운 사진 8장을 추가했습니다.
게시자 양혜선 가 2015년 5월 5일

[남미여행_59일차] #Ecuador #Banos

1. 래프팅. 20달러/ 아침9시~2시반 (점심포함)
45분을 차로 달려 #Riopastaza 에 도착. 장비 단단히 챙겨 6,7명 팀을 이뤄 강물살을 탄다. 잔잔하고 격한 그루브를 그리며 매력적인 정글을 관람. 래프팅은 남미스럽게 한시간!

2. 캐노잉. 18달러/ 원하는 시간에 할 수 있고 2시간 반 소요
15분 차로 달려 15분간 가파른 산을 올라 자연이 만든 바위 벽을 줄로 타고 내려옴. 생각보다 무섭고 체력소모가 많다. 크고 작은 폭포를 몸으로 느끼며 자연의 서늘함까지!

래프팅, 캐노잉 클리어!!! ☺

바뇨스
이방인에게 다가온 따스한 슬픔

from 사나

낯선 성당에서 우연히 만난 죽음

바뇨스는 작지만 생동감 넘치는 마을이었다. 차로 1시간쯤만 가면 래프팅과 캐뇨피, 패러글라이딩 등 액티비티를 즐길 수 있었다. 걸어서 20분 정도 가면 노천 온천에서 피로도 풀 수 있고, 마을 구석구석엔 맛집들이 자리 잡고 있어 든든하게 배를 채우는 것도 가능했다. 이런 바뇨스에서 우린 꽤 오래 머물게 되었는데, 그때 특히나 마을 산책을 자주 다녔다.

매일 신나게 액티비티를 즐기며 보냈기에 로라의 몸이 안 좋았던 어느 날, 여행자에게도 모처럼 일요일의 시간이 주어졌다. 로라는 내 내 침대에 붙어 있었고, 난 부엌을 기웃거리기도 하고 책을 읽기도 했다. 그러다 지루함을 견디지 못해 호스텔을 나와 동네를 거닐었다.

따뜻한 슬픔을 느꼈던 바뇨스의 성당.

늘 꽃으로 넘쳐나는 툴칸의 예쁜 묘지.

산책의 끝은 성당. 견고한 자태의 성당에 이끌리듯 들어간 나는 성당에 사람들이 띄엄띄엄 앉아 있는 걸 보고 한 가족 옆에 자리를 잡았다. 가만히 눈을 감고 엄숙한 기운을 느끼고자 했다. 어느 순간 눈을 떠보니 성당에 사람들이 가득 차 있었다. 미사 시간인가, 자리를 뜨려고 할 때 성당 입구에서 관을 앞세운 사람들이 무리 지어 들어왔다. 대부분 검은 옷을 입고 있었고, 관 가까이에 있는 사람들은 눈물을 닦고 있었다.

경건한 분위기 속에서 장례 미사가 시작되었다. 성당 안은 같은 슬픔으로 묶여 더욱 쓸쓸해졌다. 하지만 시간이 갈수록 이상하게도 따뜻해졌다. 사람들의 표정이 평온해지고 있었다. 미사가 끝날 무렵, 가까이 앉은 사람들이 서로 악수를 하는데 이방인인 내게도 서슴없이 따뜻한 손을 내밀어주었다. 분명 여행자였고, 누구의 슬픔인 줄도

누군가의 죽음을 애도했던 성당 안.

모를 나를 그대로 받아줬다. 할아버지의 투박하지만 포근한 손, 아이의 보드라운 손, 아주머니의 촉촉한 손이 닿을 때마다 고마운 마음이 불쑥 일렁였다. 누구인지도 모르는 그 죽음을 진심으로 애도하는 마음이 들었다.

약 1시간 동안 이어진 장례 미사가 끝나자 사람들이 밖으로 나가기 시작했다. 문이 열리더니 햇볕이 쏟아졌다. 내 등에도 햇볕이 닿았다. 그 감촉이 좋아 오래 앉아 있었다. 오랫동안 느껴보지 못했던 이 고즈넉한 감정을 에콰도르의 낯선 동네에서 느끼다니. 관을 들고 나가는 사람들의 표정도 한층 유연해진 것 같았다. 마지막 행렬 틈으로 나온 나도 사람들의 발걸음에 자연스럽게 스며들었다. 작은 보폭으로 걷는 사람들의 반경과 누군가와 잘 이별한 듯한 그들의 표정이 좋았다. 오래도록 성당 주변을 맴돌며 오늘의 따뜻한 슬픔을 기억하겠노라고 다짐했다.

이별을 받아들이는 방법

로라가 컨디션을 회복하자 바뇨스에서 에콰도르의 수도인 키토로 떠났고, 그곳에 며칠 머문 뒤 콜롬비아로 넘어가기로 했다. 키토에서 국경 지역인 툴칸(Tulcan)까지 5시간 버스를 타고 달렸다. 툴칸에서 하룻밤 머물기로 하고, 호스텔 주인장에게 둘러볼 곳을 물으니 그는 묘지에 가보라고 했다. 묘지?

호기심에 일단 묘지로 향했다. 묘지의 입구에는 정원목 조각들이

쭉 들어차 있었다. 마치 영화 〈가위손〉에 나올 법한 근사한 작품들이
었다. 우리 키보다 두 배쯤은 거대한 그 앞에서 사진을 찍었다. 묘지
라는 엄숙한 공간이 생기 넘치게 바뀌는 순간이었다. 수백 개의 묘지
에는 알록달록한 꽃이 놓여 있었다. 꽃은 조문객이 방금 놓고 간 것
처럼 생기 넘쳤다. 죽음 앞에서 생동감을 떠올리다니. 어쩌면 서로
반대편에 있어야 할 단어들이 이곳에서만큼은 잘 어울렸다. 죽음이
슬픔에서 따스함으로 바뀌고 있었다. 그래서 드는 생각, 죽음과 이별
을 받아들이면 살아가는 일이 조금 더 따스해질지도 모른다는 것.

동생들과 남미의 이 도시, 저 도시를 떠돌아다니며 수없이 짐을 싸고 짐을 풀었다. 버스를 기다리고, 기차표를 사고, 새로운 도시의 지리를 익히고, 그렇게 익숙해질 만하면 또 다음 도시로 훌쩍. 떠날 때는 뒤도 돌아보지 않고. 내게 필요한 모든 것을 넣는 데 가방 하나면 충분한 삶. 가볍고 자유로운 나날들.

　십 수 년 전의 인도 여행이 떠오른 건 왜였을까. 마치 그때의 나처럼 마냥 해맑고 가벼운 20대 아이들을 만날 때마다 무심코 '나도 저랬었는데' 하며 노인네 같은 생각을 하기도 했다. 사실 우리의 여행이 그리 거창한 것은 아니었다. 긴 여행에서 오래도록 기억에 남는 순간들은 늘 사소한 것들이었다. 한기가 느껴지는 습기 찬 버스 차창 밖의 움직이는 거리 풍경, 당장 갈 곳도 정하지 못한 채 본능적으로 가방을 끌어안고 멍하니 앉아 있던 새벽의 버스터미널, 수줍은 호기심으로 두리번거리는 여행자들을 다독여주던 낯선 이들의 눈인사 같은 것들. 짧게는 이틀, 길게는 사나흘마다 새로운 도시를 만나고, 적응할 만하면 이별하는 나날들이 일상이 되고 보면, 그 모든 순간들은 하나의 찰나처럼 기억된다. 눈만 깜박하면 마법처럼 사라져버리는 아주 짧은 찰나.

　다만, 여행이 끝나고 나면 그 짧은 순간들이 눈물겹게 그리워진다는 것을 그때는 몰랐고, 지금은 알고 있다는 것. 그 그리움이 다시 힘차게 앞으로 한 걸음 내딛게끔 추동하는 힘이 된다는 것도. 아니, 현실을 살아갈 힘을 얻게 된다는 핑계는 그만두자. 그저 그리웠을 뿐이다. 한국이라는 작은 나라에서 하루하루 먹고살기 위해 고군분투하는, 30대 중반의 결혼한 여자. 그 거부할 수 없는 정체성을 잠시라도 벗어던지고 자유롭게 대륙을 누비고, 작은 것에 감탄하며, 삶이라는 축복에 감사할 줄 아는 여행자로서의 나를 그리워했던 것뿐이다.

인도를 누비던 나는 고작 스무 살이었다. 영원할 리 없는 청춘이었으나 영원할 것처럼 현재를 누렸던 그 시간들. 푸쉬카르에서 낙타 사파리를 할 때였던가. 우아하게 숄을 두르고 다니던 30대 여자 둘을 기억한다. '어떤 사연이 있기에 서른도 넘은 나이에 인도에서 배낭여행을 하고 있는 걸까?' 조금은 신기하게 바라보았던 기억도. 낙타 똥을 불에 태워 그 열기로 구워낸 빵을 우리는 '낙타똥빵'이라 부르며 맛있다고 먹었지만 그녀들은 인상을 쓰며 손사래를 쳤다. 그때 잠깐 생각했던 것도 같다. 만약 내가 서른이 넘으면 이런 곳에는 오고 싶어하지 않을지도 몰라. 벌레가 돌아다니는 게스트하우스는 쳐다도 안 보고 길거리 음식은 입에도 안 대겠지. 정말 그렇게 된다면, 나는 서른이 되고 싶지 않다…….

서른을 훌쩍 넘어 중반을 지나고 있는 지금의 우리를 이 해맑은 아이들도 같은 시선에서 보고 있을까. 그런 생각도 했다. 피부가 탈까 봐 선크림을 덕지덕지 바르고, 호기롭게 점프를 뛰고도 "도가니가 나갈 것 같다"며 무릎을 주무르는 30대 여자 셋의 모양새가 그리 아름답지만은 않았을 테니.

그래서 그리웠다. 별빛보다 더 반짝이는 티티카카 호수의 물빛을 바라보며 티티카카를 그리워했고, 새하얀 소금사막 위를 달리는 순간에도 우유니를 그리워했다. 여행의 모든 순간들, 아니 인생의 빛나는 시간들은 잠시도

제자리에 머물지 않고 찰나처럼 스쳐 지나가버린다. 그저 잠시 눈을 감았다
떴을 뿐인데, 벌써 이만치 시간이 흘러 청춘의 끝자락에 서 있는 우리.

순간의 소중함을 깨닫게 되고, 그리움이 뭔지를 알게 된 30대 여자들의 여
행은 그래서 특별했다. 너무도 행복했던 지구 반대편에서의 파티 같은 여행
이 끝나면, 우리는 다시 제자리로 돌아가겠지. 삶은 계속될 거야. 주름이 더
늘고, 더 쉽게 지치게 되겠지만 우리, 더 진한 그리움으로 언젠가 다시 여행
을 떠나자.

남미의 추천 숙소 세 女행자들이 꼽은 나라별 최고의 숙소!

---

1 아르헨티나 부에노스아이레스 '남미사랑'

'남미사랑'은 동명의 인터넷 카페를 통해 각종 남미 관련 정보를 공

유하고 있다. 탱고 프로그램부터 스카이다이빙까지 다양한 패키
지를 예약할 수 있고, 저렴한 항공권까지 판매한다. 내부에 매
니저들이 상주해 언제든 궁금한 점을 물어볼 수 있다. 부엌이
있어 요리를 직접 해먹을 수 있으며, 매일 아침 한식을 제공한다.
꽤 자주 파티가 열려 여행자들끼리 친해질 수 있고, 여행 정보를 서로
물어볼 수 있어 유용하다. 하지만 건물이 오래되었고, 아주 깨끗하진 않다.

- **주소** Bartolome Mitre 1691, Capital Federal, Buenos Aires, Argentina
- **가격** 도미토리 1박 15달러(조식 포함)

2 칠레 산티아고 'Personal Aparts Bellas Artes'

아르마스 광장에서 300m 이내에 있는 모던한 아파트로 넓
고, 깨끗하다. 식기도구도 잘 갖춰져 있어 요리를 해먹기 편리
하고, 아파트 주위에 큰 마트들이 많아 식재료도 쉽게 구할 수
있다. 1층에는 코인 세탁실이 마련되어 있고, 꼭대기 층의 야외수영
장을 이용할 수도 있다. 무엇보다 좋았던 건 호텔처럼 매일 청소를 해준다는 것. 건
물들이 촘촘하게 붙어 있어 창문으로 반대편 내부가 훤하게 보이니 조심해야 한다.

• 주소 Monjitas 744, Santiago 8320000, Chile • 가격 3인 기준(2룸) 60달러

3 볼리비아 태양의 섬 'Hostal Inti-Kala'

태양의 섬에서 가장 전망 좋기로 소문난 호스텔이다. 돌이 촘촘하
게 박힌 아기자기한 분위기의 건물로, 내부 어디에서든 쉽게 호수
를 볼 수 있는 전망 좋은 곳이다. 테라스에 앉아 넓게 펼쳐진 호수를
하염없이 바라보는 것이 이 숙소의 필수 코스. 호수를 바라보며 조식을 먹
는 것도 이곳의 즐거움 중 하나다. 외풍이 심하고 물이 잘 나오지 않는 것이 단점.

• 주소 Yumani, Isla del Sol, Bolivia • 가격 1인당 80볼(조식 포함)

4 페루 쿠스코 'Hotel Lojas'

쿠스코 광장에서 가까운 호텔이기 때문에 번화가와 가까워
움직이기 좋다. 콜로니얼 양식의 호텔로 뽀송뽀송하고 새하
얀 침구에 욕조도 있어 편안하게 휴식을 취할 수 있다. 언제
든 차를 마실 수 있는 작은 로비가 마련되어 있으며, 특히 숙박비
에 포함된 조식이 굿! 신선한 과일과 빵이 푸짐하게 준비되어 있어 만족스러움을

더한다. 근처에 여행사가 많아 다양한 투어 패키지를 쉽게 예약할 수 있다.

- **주소** Calle Tigre, 129 Cusco-Peru
- **가격** 3인 기준 80달러(신용카드 결제 시 10% 추가)

5 에콰도르 **바뇨스** 'Hostal d´mathias'

버스정류장에서 5분 거리에 위치한다. 바뇨스에서 즐길 수 있는 모든 액티비티를 저렴하게 예약할 수 있으며 숙소로 픽업까지 와줘 매우 편리하다. 부엌에 조미료, 생수 등 여행자들에게 필요한 물품이 잘 준비되어 있으며, 공동 공간도 넓어 휴식하기에 좋다. 대체적으로 깔끔하고 호스트들이 친절하다.

- **주소** Espejo, Baños de Agua Santa, Ecuador
- **가격** 도미토리 1인당 6달러 / 프라이빗룸 1인당 9달러

6 콜롬비아 **살렌토** 'Hostal La Floresta'

살렌토 메인 광장에서 15분 정도 떨어진 호스텔로, 안쪽에 위치해 조용하다. 겉보기엔 아담한 것 같지만 막상 들어가면 넓고, 특히 탁 트인 야외가 있어 휴식시간을 갖기에 좋다. 넓은 잔디 위에 컬러풀한 해먹이 여러 개 있어 음악을 들으며 맥주 한 잔 하는 것도 추천. 전체적으로 호스텔이 깔끔하고 공동생활 공간이 넓어 외국인 친구들을 사귀기에 좋다. 24시간 따뜻한 커피가 준비되어 있고 음식을 해먹을 수 있는 부엌도 있다.

- **주소** Carrera 5ta No 10-11 Barrio La Floresta, Salento
- **가격** 프라이빗룸 2인 기준 20달러

Chapter 6

컬러풀한 도시에서 긍정을 얻다, 콜롬비아

마지막 나라, 콜롬비아.

더 많은 걸음으로 더 많은 풍경을 욕심내지 않았다.

그저 현지인의 틈에서 느긋하게

여행 아닌 일상 속을 거닐었다.

그 안에 온전히 머무를수록 긍정의 힘,

그 실체를 알 수 있었다.

커피 향을 맡으며 여유 한 자락을,

에메랄드빛 바다에 온몸을 맡기며

휴식의 기쁨을 느꼈다.

맞닥뜨린 작은 생명체의 사늘함

"절벽 위에 지어진 성당 아세요? 콜롬비아 국경 지역에 있는데 꼭 들렀다 가세요. 정말 멋져요!"

과일농장 체험을 함께했던 강진이가 '꼭 가봐야 할 곳'으로 라스 라하스 성당(Las Lajas Sanctuary)을 추천했다. 남미 어느 도시를 가나 쉽게 볼 수 있는 게 성당이라 큰 기대를 하진 않았다. 그래도 '왜 절벽에 성당을 지었을까'에 대한 호기심은 꼭 채우고 싶었다.

이피알레스는 에콰도르와 맞닿아 있는 콜롬비아의 국경 도시다. 콜롬비아로 넘어가기 위해 꼭 거쳐야 했는데, 우린 야간버스를 기다리는 사이에 라하스 성당을 다녀오기로 했다. 5시간이 넘는 공백이 주어져 발걸음과 마음이 어쩐지 느릿느릿. 콜롬비아 입국 도장을 받아들고 나올 때까지만 해도 안 오던 비가, 터미널에 배낭을 맡기고 나오니 내리기 시작했다. 배낭에 우산이 있었지만 다시 움직이기 싫어 그냥 택시에 몸을 실었다. 남미에서 비를 맞는 것쯤은 아무렇지도 않은 일. 여기 사람들은 아주 굵은 빗줄기가 아니면 우산 따위는 들지 않으니까. 두 달 반 여행을 하다 보니 어쩐지 남미 사람들 특유의 덤덤함을 닮아갔다.

20분쯤 달렸을까. 택시기사가 라하스 성당으로 올라가는 입구라며 내려줬다. 정수리를 톡톡 두드리던 빗물이 어느새 발등 위로 선명하게 떨어졌다. 줄지은 기념품 가게를 빠르게 지나 화장실로 골인. 어디선가 아주머니가 나타나 뒤따라 들어왔다. 역시 돈을 받는군. 이제 놀랄 일도 아니었다. 화장실 사용료를 내는 것쯤은.

화장실을 나오는데 덩치가 큰 누런 개와 눈이 마주쳤다. 눈동자는 불안하게 흔들렸고 온몸을 부들부들 떨고 있었다. 자세히 보니 힘없이 벌어진 주둥이에선 피가 섞인 침이 흘렀다. 그런데 갑자기 쿵 하며 심하게 떨던 개의 몸이 시멘트 바닥에 내리꽂혔다. 온몸이 딱딱하게 굳었다. 아무것도 들리지도, 아무 생각도 떠오르지 않았다. 그 개가 조금 있으면 더 이상 숨을 쉬지 않을 거란 생각밖에.

차갑게 식어가는 개에게 우리가 해줄 수 있는 일은 없어 보였다. 작은 미동도 없이 온전하게 몸이 딱딱해질 때까지 지켜보는 것? 하지만 그것조차 어려워 눈을 딱 감고 획 돌아섰다. 다시 라하스 성당

절벽 위에 아찔하게 서 있는 라하스 성당.

안데스 산맥의 과이타라 강 협곡.

그림 속에 나오는 풍경같이 비현실적이다.

기적을 바라는 이들의 소망을 볼 수 있다.

을 향해 터벅터벅. 다리는 분명 앞을 향해 가고 있었지만 생각이란 놈은 좀처럼 발을 따라오지 못했다. 그럼에도 나아갔다.

얼마 전 아는 언니의 자살 소식을 들었을 때가 떠올랐다. 여행 중 SNS를 확인하다가 우연히 접했던 언니의 죽음. 우울증을 이겨내지 못해 스스로 목숨을 끊었다고. 순간 뒤통수를 얻어맞은 듯 멍했다. 그날 난 또렷하지 않은 마음의 무게가 느껴져 하루 종일 우울했다. 그 무게엔 죄책감도 섞여 있었다. 언니에게 자주 연락하지 못한 것이, 바쁘다는 핑계로 언니와의 약속을 미뤘던 일이. 빗속을 걷는데 자꾸 누런 개와 언니의 죽음이 교차되어 마음이 무거웠다. 왜 하필, 지금 여기에서……

거대한 협곡에 걸쳐진 아름다움

멍하니 걷다가 거대한 물살 소리에 발길이 멈칫. 고개를 쑤욱 빼 난간을 내려다보니 시커먼 흙탕물이 무섭게 소용돌이치고 있었다. 강물이 불어나 더욱 공포스러웠다. 성당을 둘러싸고 있는 안데스 산맥의 과이타라 강 협곡이었다. 그때 우린 시야에 삐쭉 튀어나온 첨탑을 발견하곤 걸음을 재촉했다. 협곡의 반대편과 연결된 다리 위에 거대한 성당이 반짝이고 있음이 틀림없었다.

꽤 많은 계단을 밟고 나서야 마주할 수 있었다. 그놈의 덩치는 너무 거대해 한눈에 담기 벅찼다. 멀찌감치 떨어져 봐야만 오롯이 볼 수 있을 것 같았다. 가파른 협곡을 딛고 우뚝 솟은 라하스 성당의 웅장한 자태. 안데스 산맥의 가장 아름다운 보석이라 할 만했다. 20여 년의 공사 기간을 거쳐 1949년 세워진 이 성당은 세계 10대 비경 중의 하나로 꼽히기도 했다.

왜 절벽에 성당이 지어지게 된 것일까. 알려진 이야기는 이렇다. 한 부녀가 폭풍을 피해 동굴로 피했다고 한다. 그곳에서 부녀는 신비로운 성모의 환영을 만나게 되었고 성모가 농아인 딸을 치유하는 기적이 일어난 것. 그 후로도 많은 사람들이 성모의 치유를 경험해 그곳이 순례지가 되었단다. 바로 여기에 제단이 세워지고 성당이 지어져 오늘날의 라하스 성당이 탄생할 수 있었다는 것이다. 조용한 도시 이피알레스에 많은 사람들이 모여드는 이유는 바로 라하스 성당을 보기 위함이라고.

어두운 계단을 따라 내려가니 지하에 박물관도 있었다. 보잘것없어 보이는 입구와는 다르게 번쩍번쩍한 조명들로 빛났고 음악도 잔잔하게 흐르고 있었다. 엄숙한 분위기 속에서 발자국을 조심조심 떼었다. 종교가 주는 편안함 때문일까. 여러 가지로 고단했던 마음이 스르르 녹아내렸다. 창문에 비치는 협곡의 모습은 훌륭한 사진전을 둘러보는 착각을 불러일으키기도 했다.

다시 밖으로 나와 나팔, 하프를 연주하는 천사상을 지나 반대편 다리를 건넜다. 높은 암벽에는 기적이 일어나길 바라는 염원을 담은 메

라하스 성당에 대해 자세히 알 수 있는 박물관 내부.

신비로운 기운이 느껴지는 라하스 성당.

우리와 동행했던 개.

시지가 돌 명패로 제작되어 붙어 있었다. 그 위를 손으로 만져봤다.
수백 년 동안 많은 이들이 다녀가며 간절하게 바랐을 염원들 때문인
지 따뜻하게 느껴졌다.

'어쩔 수 없는 일'에 대한 스스로의 위로

벽에서 손을 떼고 몸을 일으키던 찰나 큰 개 한 마리가 다가왔다.
그 개는 어디 가지도 않고 꼭 우리 옆에만 붙어 있었다. 그러자 차갑
게 식어가던 누런 개가 선명히 떠올랐다. 성당을 돌아다니는 내내 마
음이 무거웠다. 바로 앞에서 작은 생명체가 꺼져가고 있었는데 아무
것도 해줄 수 없었다.

살다보면 이따금씩 어쩔 수 없는 상황에 맞닥뜨려 알 수 없는 감정
에 사로잡힐 때가 있다. 사실 그건 누구 때문에 일어나는 일이 아닌,
말 그대로 어쩔 없는 일이다. 마음을 채우고 버리고를 반복해 간신히

중심을 잡아야 하는, 그런 일일 뿐.

갑작스레 생을 마감한 언니의 쓸쓸한 죽음에 뒤늦은 미안함을 가
졌던 마음도 비우기로 했다. 홀로 떠난 담양에서 만났던 언니는 낯
선 여행자에게 먼저 말을 건네주고 내 고민에 진심으로 귀 기울여준
고마운 여행자였다. 짧은 생이었지만 언니는 그렇게 따뜻한 마음을
지닌 사람으로 기억되었다고, 지금 그곳에서는 행복했으면 좋겠다
고. 여전히 비가 쏟아지는 하늘을 올려다보며 오랫동안 언니를 떠올
렸다.

 세女행자들님이 새로운 사진 9장을 추가했습니다.
게시자: 박산하 · 2015년 5월 13일 · ✈

[남미여행 67일차]_#Colombia #Ipiales
흐린 아침, 서둘러 에콰도르 툴칸을 벗어나 콜롬비아 이피알레스로 향했다.
아쉽고 아쉬운 마지막 국경을 걸어서 가뿐하게 넘었다. 살렌토라는 커피농장
이 있는 작은 마을에 가기 위해 칼리행 버스를 예매했는데, 저녁 7시차 8시간
을 기다려야하는 상황 이피알레스를 대표하는 라스 라하스 성당에 다녀오기
로 했다. 절벽 위에 세워진 성당은 비 오는 날씨에도 감동적인 풍경을 자아내
한참을 보고 또 봤다. 다시 터미널로 돌아와 점심-커피-커피-저녁의 4차 코스
를 밟으며 여유로운 시간을 보냈다. 우리 일정표도 꼼꼼하게 되새김 이제 마
지막 나라, 본격적인 콜롬비아행!

살렌토
공간이 주는 힘

from 사나

아기자기한 산골 마을에서의 며칠

콜롬비아에서는 어디를 가든 커피 향이 날 것만 같았다. 우린 마지막 나라인 만큼 그저 발 닿는 곳으로 향하기로 했는데, 콜롬비아와 커피는 떼려야 뗄 수 없으니 커피 열매를 보러 가자 마음먹었다. 그래서 가게 된 마을, 살렌토. 해발 2,400미터에 위치한 마을은 유네스코 세계문화유산으로 지정된 커피 지역인 '조나 카페테라(Zora Cafetera)'에 속해 있었다. 커피투어를 할 수 있는 두 도시 중 고민하다 살렌토가 예쁘다는 추천을 받고 이곳으로 향하게 되었다.

살렌토는 완연한 시골이었다. 굽이굽이 버스를 타고 올라가야 만날 수 있는 작은 마을이었다. 광장이 있는 마을의 중심부에는 알록달록한 상점들이 자리하고, 주변은 온통 초록 산으로 둘러싸여 있었다.

아기자기한 시골 마을, 살렌토.

코코라 계곡 투어를 위해 신나게 달렸다.

코코라 투어 길에 스친 마을 풍경.

주인장이 느긋하게 내온, 마음이 담긴 소박한 아침식사.

아침에 도착한 살렌토는 첫인상부터 마음에 쏙 들었다. 그리고 운 좋게 괜찮은 숙소도 찾았다. 숙소엔 해먹이 여러 개 걸려 있어 누워서 음악을 듣거나 책을 읽기 좋았다. 아침이면 커피 향이 은은히 퍼지는 곳이라 오래오래 여유를 부리는 데도 딱이었다.

이 마을에서 가장 좋았던 시간은 바로 동네를 산책 혹은 탐험할 때였다. 숙소 바로 앞에는 놀이터가 있고, 다리를 건너면 빵집이 있었다. 채소 가게에는 넉살 좋은 아저씨가 있고, 그 옆에는 직접 털실로 뜬 목도리를 파는 가게가 있었다. 고운 손을 가진 할머니는 직접 내 목에 목도리를 둘러주셨다. 그러고는 예쁘다고 어찌나 칭찬하시던지 안 살 수가 없었다. 상술이 아닌, 먼 타국에서 온 손녀 같은 우리에게 마음을 다해 만든 것을 주고 싶어하는 듯했다. 조금 깎아서 예쁜 목도리를 구입했다.

마을이 작아서 1시간이면 구석구석 돌아볼 수 있었다. 걷다 지치면 카페에 들어가 맛 좋은 커피를 마셨다. 숙소 옆에 있는 브런치 카페는 한국의 우리 동네에 옮겨놓고 싶을 정도로 욕심나는 공간이었다. 주인장이 오랜 시간을 들여 커피를 내리고 빵을 내놓는데 그 느긋한 행동까지 닮고 싶었다. 돌아가면 무슨 일을 하든 하나하나 정성을 다해야겠다는 생각이 들 정도. 이런 풍경 속에서 오래 머물고 싶었다. 그것은 기억을 더 많이 쌓고 싶다는 것과 다름없었다. 공간에 대한 소중함이었다.

어릴 때부터 공간에 대한 애착이 강했다. 이사를 다녀본 적이 없었기에 머물고 있는 곳이 오래될수록 추억은 두꺼워졌다. 어릴 적 기억은 마당과 동네에 관한 게 대부분이었다. 집 바로 앞엔 나지막한 산이 있었고, 초여름이면 산속의 아카시아 나무 향이 짙게 퍼졌다. 동네 친구들과 산에 올라가 아카시아 꽃을 따서 빨아 먹었다. 꿀은 너무 적어 계속 꽃을 따야 했고, 입술이 번지르르해질 정도로 먹곤 했다.

처음 책다운 책을 읽었던 곳은 마당 한켠의 감나무 아래 평상이었다. 전래동화에서 벗어나 좁쌀만 한 글씨의 《어린왕자》를 펼쳤던 기억. 그때의 바람과 나뭇잎, 햇볕의 방향까지도 기억하는 건 아마 공간이 주는 힘 때문일 것이다. 난 내가 머물고 걸어가는 배경이 마음을 움직이게 한다는 걸 믿었다.

마음에 쏙 드는 마을을 만났으니 오래오래 머물 생각이었다.

이 마을에서 살고 싶네

도착한 날 오후, 로라와 커피 투어에 나섰다.

"이 마을 정말 마음에 든다, 선배!"

"여기 좀 더 있을까? 시간은 넉넉하지 않지만. 왠지 좋은 사람도 만날 것 같지 않아?"

이런저런 이야기를 하는 사이, 숲길을 1시간 정도 걸었을까, 숲 속에 있는 커피 농장에 닿았다.

커피 열매는 동글동글 붉었다. 우리는 가이드를 따라다니며 어린

커피 투어에서 만난 은행 같았던 노란 꽃.

빨간 열매, 커피의 나라 콜롬비아를 느낄 수 있었다.

말을 타고 마을을 누비는 여행자들을 쉽게 볼 수 있다.

커피나무를 구경하는 것부터 커피 열매를 따보는 것까지, 그리고 그
윽한 커피 한 잔으로 마무리하는 투어를 마쳤다. 노란 잎이 우수수
떨어지는 거대한 나무 아래에서 마시는 커피 한 잔의 여유. 낯선 곳
이지만 마음이 금세 평온해졌다. 커피는 정말 코끝이 찡하게 맛있었
다. 그 향과 맛을 오래도록 기억하리라 마음먹었다. 그 모든 풍경을
가슴에 넣고.

다음 날은 코코라 계곡 투어에 나섰다. 산등성이를 따라 야자수 나
무들이 띄엄띄엄 심어져 있는, 이국적인 풍경을 볼 수 있는 곳이었다.
우리는 짧은 코스를 선택해 걷기로 했다. 입구에서 동양인 남자 한 명
을 만났다. 그는 외국인들 틈에서 유창한 영어로 말을 하고 있었다.
"중국인 아닐까?"

코코라 계곡의 독특한 야자수 풍경.

트레킹 후 자연 속에서의 휴식은 달콤하다.

자연의 속살을 느꼈던 코코라 계곡 투어.

로라가 의심쩍은 목소리로 말했다.

"한국인 같은데?"

그와 눈이 마주친 나는 조심스레 물었다.

"혹시 한국인이세요?"

그렇게 지윤이를 만났다. 살렌토에서 처음 만난 동양인이 한국인이라는 것이 기뻤다. 지윤이는 대학생이었고, 세계일주를 하고 있었다. 국비장학생으로 받은 돈을 가지고 여행을 하고 있다고 했다.

"지윤아, 머리는 왜 그렇게 깎았어? 중국인 같잖아!"

지윤이는 웃으며 머리를 긁적였다.

우린 곧 친해졌고, 함께 걸었다. 나이는 어렸지만 우리에게 든든한 힘이 되어주는 친구였다. 그 후 지윤이와는 콜롬비아의 몇 도시를 함께 여행했다. 여행의 인연은 그렇게 이어졌다.

우리는 코코라 계곡을 다녀온 후 광장에 있는 레스토랑에서 밥을 먹었다. 식사를 마치고 광장을 서성이고 있는데, 한 레스토랑이 유독 북

우리에게 든든한 힘이 되어주었던 여행자 지윤이.

현지인들과 어울릴 수 있었던 베이비 샤워.

적이는 게 보였다. 궁금해서 문 앞을 기웃거리자 배가 부른 주인공이 우리를 환하게 맞아주었다. 바로 베이비 샤워를 하던 중이었는데, 우리도 한 자리를 차지하고 앉아 케이크와 과일을 대접받았다. 처음 본 이방인이었지만 진심으로 축하해줬다. 모두가 환하게 웃던 자리였다.

밤의 광장은 흥겨웠다. 야외 테이블에서는 모두가 천진난만하게 웃으며 맥주를 들이켰다. 내일을 걱정하지 않아도 되는 시간. 은은한 빛이 따뜻하게 감싸 안아줬다. 그 모든 분위기가 내 것 같았고, 진심으로 나를 위한 것이라는 생각이 들었다. 이처럼 소소한 기쁨에 눈물이 날 것 같았다.

카르타헤나
우리는 긍정 시스터즈!

from 로라

느슨해진 여행자의 실수

물건을 잘 잃어버리는 편이라 여행을 준비하면서도 '어차피 잃어
버릴 것'을 염두에 두고 짐을 꾸렸다. 그래서 휴대폰도 두 개나 챙겼
는데…… 결국 우려했던 일이 벌어지고 말았다. 여행 마침표 5일을
앞두고 우리의 소지품이 흔적도 없이 사라진 것이다.

우리의 소지품이 증발된 문제의 장소는 콜롬비아 카르타헤나 숙소
앞 바닷가. 모래 위에 펼쳐놓은 돗자리 위에 가방을 곱게 놓아두었는
데 누군가 가져가버렸다. 이건 누가 뭐래도 우리의 잘못이 컸다. 치안
이 안 좋기로 유명한 콜롬비아에서 가방을 아무 데나 던져놓고 물놀
이하는 사람이 어디 있겠는가. '이거 가져가슈~' 하는 꼴일 수밖에.
처음엔 돗자리 밑에 가방을 깊숙이 숨겨놓았다가 잠깐 쉬러 나온 사

카르타헤나의 유럽풍 건물.

유난히 햇볕이 고왔던 카르타헤나 마을.

365일 따뜻한 혹은 뜨거운 카르타헤나.

도난당했던 숙소 앞 평화로운 해변.

이 휴대폰을 꺼내 만졌고 수다를 좀 떨다가 그대로 물에 다시 들어가는 실수를 범했던 것이다.

물에서 나오니 가방의 행방은 알 수 없었고, 돗자리만 바람에 펄럭이고 있었다. 등골이 오싹했다. 잃어버린 내 가방에는 공금 10만 원이 든 손지갑, 선글라스, 긴 티셔츠, 선크림 그리고 사나 선배의 휴대폰 두 개와 내 휴대폰 하나가 들어 있었다. 사나 선배도 평소에 쓰지 않던 예전 휴대폰을 이번 여행에 가져왔는데, 그날따라 두 개를 다 내 가방에 넣어놓은 것이었다.

다른 건 괜찮은데 여행의 기록이 증발해버렸다는 사실에 속이 상했다. 휴대폰에는 수천 개의 메모와 사진, 동영상이 빼곡하게 기록되어 있었다. 우유니 사막에서 재미나게 촬영한 영상, 마추픽추의 거대한 자태, 악마의 목구멍 이구아수까지 사진으로 담기엔 아쉬웠던 장면을 영상으로 고이 남겼었다.

사진도 마찬가지. 여행이 길어질수록 카메라를 꺼내는 횟수가 줄어든 대신 가지고 다니기 편한 휴대폰으로 사진을 많이 찍었는데, 몽땅 사라져버린 것이었다. 사나 선배는 휴대폰에 여행하며 느낀 감정들을 그때그때 적어놓았다며 울먹였다. 여행의 끝자락이라 기록한 추억이 엄청났을 텐데. 순식간에 남미 여행의 추억이 먼지처럼 날아간 것 같아 덜컥 겁이 났다.

누구의 탓도 할 수 없었다. 여행의 막바지라고 풀어놓았던 내 마음을, 조심성 없는 내 행동을 스스로 자책할 뿐. 10분 전으로 돌아갈 수만 있다면 얼마나 좋을까 바랐지만 이미 돌이킬 수 없는 일이었다. 상심한 채 숙소로 돌아가려는 찰나, 사나 선배가 말했다.

"아, 열쇠도 가방에 있다!"

으앙! 정말 울고 싶었다. 당장 숙소에 들어갈 수도 없다니! 한참을 서서 가방이 있던 자리만 닭 쫓던 개처럼 쳐다보다가 도리질 치며 정신을 차렸고 숙소로 가서 직원에게 자초지종을 설명했다. 아무튼 우리는 어렵게 도움을 받아 숙소로 들어갈 수 있었는데, 열쇠공을 불러 새 열쇠를 받기까지의 번거로움을 감수해야 했다. 5만 원이 넘는 비용도 우리 몫이었다. 수천 개의 추억을 잃어버린 아픔을 달랠 겨를도 없이 후폭풍을 막아내기에 바빴다.

별수 없어, 긍정만이 우리의 힘!

정작 공허함이 밀려온 건 그다음 날. 여느 때처럼 아침에 눈을 떠 머리맡을 손으로 더듬거렸다.

'아, 휴대폰 잃어버렸지?!'

어제의 일이 빠르게 머릿속을 스쳤다. '내가 왜 그랬을까!' 스스로에 대한 한탄에 깊은 한숨만 나왔다. 그러는 사이 사나 선배도 잠에서 깼는지 부스럭거리는 소리가 들렸다.

"하아~"

선배의 깊은 한숨. 풋, 나도 모르게 웃음이 터졌다. 선배도 나와 같은 찝찝한 기분으로 아침을 맞이하고 있었다. 나란히 침대에 누워 새하얀 천장을 바라봤다.

"선배, 우리가 왜 그랬을까?"

"그러게. 그동안 아무 일 없이 여행 잘 다녔다고 마음을 놓았던 거지, 뭐!"

그리고 우울한 마음에 다행이론을 펼치기 시작했다.

"그나마 카메라를 안 가지고 나가서 다행이야."

"그나마 여권은 잃어버리지 않아서 다행이야."

"그래도 우리 다친 덴 없잖아?"

"위험하다는 남미인데 휴대폰 잃어버린 것쯤이야!"

"한국 가야 하는데 그래도 휴대폰 하나 남아서 다행이다!"

"그래도 우리 둘이 있어서 다행이야!"

우린 서로를 쳐다보며 배시시 웃었다.

어느새 우린 다행이론을 넘어 한국으로의 무사 귀국을 위한 액땜이라는 초긍정 모드로 돌입하기에 이르렀다. 그러다 또 마음이 공허해져 중얼거렸다.

"아! 이적의 〈다행이다〉 노래를 들으면 먹먹한 마음이 한결 나아질 것 같은데!"

나의 엉뚱한 한마디에 사나 선배가 웃음을 터뜨렸다. 정말 이럴 땐 별수 없다. 긍정만이 우리의 힘!

세女행자들님이 새로운 사진 8장을 추가했습니다
게시자 양혜선 [?] · 2015년 5월 24일 · ✈

[남미여행 77일차] #Colombia #Cartagena
여행 80일간의 세세한 기록, 수 백장의 사진과 수 십개의 메모가 한순간에 증발했다. 우리에겐 일어날 것 같지 않은 일이 순식간에 가방 안엔 로라 핸드폰 1개, 사나 핸드폰 2개, 숙소 열쇠, 옷, 선글라스 등이 돌이 있었고 숙소 바로 앞 프라이빗 같은 한적한 해변에 그 가방을 살포시 놓아두고 물놀이에 빠져돌었다. 계속 가방이 잘 있는지 살피긴 했지만, '이제 물놀이 끝' 외치고 돌아온 모래사장엔 아무것도 없었다. 그 순간 밀려드는 당황스러움과 허탈함. 여행 D-5에 맞이한 이 거대한 사건 앞에 우린 망연자실. 그나마 그동안 여행이 준 긍정으로 조금씩 이겨내고 있다. 그동안의 추억을 머리와 마음의 기억에 의지하는 수밖에(돈과 카메라, 메모리카드, 여권, 우리의 건강은 무사해요 ^.^ 이걸로 우린 다행다행). 여행의 기억은 이렇게 기록이 아닌, 우리의 감각으로 남겨지게 되었다 ☺ PS. 사나와 로라에게 연락할일이 있으면 페북 메시지로 주세요!

보고타
대장정의 남미 여행을 마치며
from 사나

마지막을 정리하는 마음

"꺅! 선배! 어떡해! 오늘이 마지막 날이야!"

로라가 눈뜨자마자 소리를 질렀다. 이미 잠에서 깬 나도 남미에서의 마지막을 슬퍼하고 있던 참이었다. 괜스레 또 찡해졌다. 무언가와의 이별은 늘 슬프다.

난 이별에 관해 강박관념을 가지고 있는지도 몰랐다. 익숙한 것으로부터 떠나는 게 익숙하지 않았다. 사람과 사물 모두. 하지만 여행을 하면서 낯선 것에 대한 마음이 조금 편안해졌다. 떠나는 것이 있으면 또 새롭게 다가오는 것이 있다는 것을 알아가는 건지도 모르겠다. 여행이란 것은.

"마지막 조식……."

마지막 날을 기념하며 우아하게 커피와 와인 한 잔.

이렇게 힘없이 말했던 로라는 토스트와 주스, 오믈렛까지 남기지 않고 와구와구 먹었다. 역시 식성이 이별의 슬픔보다 앞선다!

떠나는 날, 밤 비행기였지만 무리한 일정을 잡지 않았다. 보고타 시내를 거닐다 마음에 드는 카페에 들어가 여행을 정리하기로 했다.
　콜롬비아의 대표 프랜차이즈, 후안발데스 카페에 앉았다. 로라가 커피를 주문하러 간 사이 여러 생각이 스쳤다.
　'햇볕이 왜 이리 따사롭지? 사람들은 왜 이렇게 행복해 보이지?'
　정말 평화롭게 시간이 멈춘 듯했다. 거리로 나서면 위험한 순간이 닥칠지도 모르는데, 그런 느낌이 하나도 들지 않았다. 3개월의 시간이 차례차례 스쳤다. 눈물이 날 것 같았다.
　"선배 운다, 또 울어!"
　커피를 들고 온 로라의 타박. 남미에서 흘린 눈물을 한데 모으면 양동이 하나는 되지 않을까. 하지만 괜찮다. 슬픔보다는 기뻐서 운 쪽이 더 많으니!
　로라가 달달한 커피를 내밀었다.
　"처음에는 선배들 손에 이끌려, 친구 따라 강남 가듯 가는 건 아닐까 많이 생각했어요. 그냥 일이 힘겨워서 피하고 싶은 철없는 생각이 아닐까 고민도 했고요. 근데 맞았어. 난 그러고 싶었던 거야, 처음부터. 그냥 좀 진하게 놀고 싶었고, 좀 깊게 쉬고 싶은 마음이 컸던 거예요."

로라의 솔직함과 추진력이 좋았다. 나는 수많은 고민 속에 머물다 결정도 늦은 편이었다. 결정을 하고 나서도 수많은 미련 속에 휩싸였고 또 선택에 그럴싸한 이유까지 붙였다.

"남미에서의 선배 표정은 정말 행복해 보였어!"

사진 찍히는 것을 싫어했다. 평소에도 내 모습을 내가 보는 걸 좋아하지 않았다. 예쁜 얼굴도 아니고…… 늘 그렇게 누군가를 열심히 찍어줬는데, 여기에서는 참 많이도 찍혔다. 그리고 그 사진을 다시 보는 게 좋았다. 내게도 이런 표정이 있구나, 하면서.

한국으로 돌아가는 길, 또 다른 나를 맞이하다

여행과 헤어져야 할 시간이 다가오고 있었다. 보고타 엘도라도 국제공항으로 향하는 길, 문득 남미의 첫 번째 도시 부에노스아이레스의 낯선 공항에 내려 택시를 타고 숙소로 향하던 그 풍경과 겹쳐졌다. 아득했던 그때, 둘 다 마음이 묘하게 겹쳐졌다.

'우리 고생했어, 정말!'

공항은 북적였다. 로라는 아쉬운 마음이 큰지, 자꾸 뒤를 돌아봤다. 그렇게 다시 긴 비행에 올랐다. 그리고 비행기에서 맞은 내 생일. '왜 이 날짜로 했지?' 기억도 나지 않았지만 어쨌든 비행기 안이었다. 로라는 옆에서 잠들어 있었고, 태평양 어느 상공에서 나는 서른네 살의 생일을 맞이했다. 기분이 묘했다. 부모님에게 감사하다는 생각을 했고, 스스로에게도 축하를 해줬다.

그때 로라가 뒤척거리더니 일어났다.

"선배, 서프라이즈! 선물!"

로라가 가방에서 주섬주섬 무엇인가를 꺼냈다. 24시간 꼭 붙어 있던 로라가 언제 선물까지 준비한 거지? 빨간 에코백이었다. 갖고 싶었던 건데!

"아까 공항에서 화장실 간다고 하고 고른 거예요. 감동이지? 히히!"

또 눈물이…… 금세 눈이 빨개졌다. 로라는 선물을 들고 사진을 찍어야 한다며 카메라를 들이댔고, 그제야 웃을 수 있었다. 그러다 편지를 보고 또 눈물.

"이 선배 어쩔 수 없네!"

2연타 감동에 로라는 뿌듯해하며 웃었다.

마지막이라 더욱 아쉬웠던 콜롬비아 보고타.

남미에서 집이 그리울 때면 많이 생각했던 장면이 있다. 배낭을 메고 집 초인종을 누르는 순간, 엄마 아빠가 반가워서 뛰어나오는 그 순간을 여러 번 떠올렸다.

지금 그 순간이 코앞에 있었다. 사실 부모님한테는 내일을 귀국 날짜로 알려주었다. 깜짝 놀라게 해주려고. 떨리는 마음으로 초인종을 눌렀다. 그런데 아무 반응이 없었다. 비밀 상자 속 열쇠를 찾아 집으로 들어갔다. 엄마 아빠는 어딜 갔는지 집은 텅 비어 있었다.

아, 진짜 우리 집 같네. 어쨌든. 내 방은 깨끗했다. 바로 누워서 잠들 수 있을 만큼. 그렇게 나는 다시 남미로 향하는 꿈을 꾸며 잠이 들었다.

에필로그 1
하나보다 완벽한 셋

우리, 어떻게 한 번도 안 싸웠지?

함께하는 여행에서 가장 중요한 것은 멤버들과의 호흡이다. 여행 중에는 평소보다 더 많은 선택과 고민이 필요한데, 그 과정에서 사소한 싸움이나 트러블이 발생하기 쉽기 때문이다. 파트너와의 불화로 열심히 준비한 여행을 망쳤다거나 10년 지기와 싸워 인연까지 끊었다는 여행자들의 이야기는 심심찮게 들을 수 있었다.

우리 역시 떠나기 전, '과연 싸우지 않고 계획했던 여행을 잘 마칠 수 있을까'에 대해 꽤 진지하게 이야기를 나눴다.

"1박이나 2박의 국내 여행은 많이 해봤는데 이렇게 장기 해외여행은 처음이야. 가서 싸우면 어떡하지? 장기여행은 종일 붙어 있으니까 정말 다를 텐데. 과연 우리가 싸우지 않고 잘 다닐 수 있을까?"

레나 선배의 말에 정적이 흐르고, 순간 셋은 동시에 멋쩍은 듯 웃었다.

"에이, 설마~ 우리가 머리채 잡고 싸우겠어요?"

그렇게 말하면서도 수년간 소중하게 쌓아온 관계가 틀어질까 걱정이 된 게 사실이었다.

그래도 우린 함께해온 시간을 믿고 무작정 떠났다.

여행 중에 만난 사람들 역시 직장 동료의 조합을 신기하게 생각했다.

"회사 동료 사이라고요? 그런데 어떻게 남미 여행까지 같이 오게 됐어요? 싸우거나 하진 않아요?"

"나라면 절대 회사 동료들과 오진 않아요. 끔찍해!"

하지만 신기하게도 우린 여행 중 싸워서 토라지거나 그로 인해 여행에 차질을 빚은 적이 단 한 번도 없었다. 여행을 다 마치고 돌아와서 "우리 어떻게 한 번도 안 싸웠지? 아, 선배들의 머리채를 잡을 유일한 기회였는데!" 하고 웃으며 얘기했을 정도.

우리가 힘든 배낭여행을 사이좋게 함께할 수 있었던 이유는 뭘까.

먼저 잡지사에서 선후배로 만난 우리에겐 이미 서열이 정해져 있었다. 레나 선배, 사나 선배, 나 순으로. 그렇다고 후배가 선배 눈치를 봐야 하는 그런 퍽퍽한 분위기는 아니었다. 적당한 거리를 두며 서로를 존중하는 동료였는데, 급격히 친해지게 된 건 같이 다니던 회사에서 잘린 후 꽃동네로 봉사활동을 다녀온 뒤부터였다. 힘든 시간을 같이 보내서인지 동료였을 때보다 훨씬 더 친해진 우린 그 후에도 자주 회사 생활, 연애, 개인적인 고민까지도 함께 나눴다. 또 셋 다 여행을 좋아해 분기별로 여행을 떠나며 서로에 대해 많이 알게 되었고 공감할 수 있었다.

그런 시간들이 켜켜이 쌓여 우린 서로를 신뢰하게 되었고 좋은 일이든 나쁜 일이든 함께 나눌 수 있는 인생의 동반자가 된 것이다. 그런 관계의 바탕에는 '후배니까 자잘한 일은 내가 해야지', '내가 선배니까 양보해야지' 하는 생각들이 있었다. 여행을 할 때도 마찬가지. 선배는 사소한 일이라도 후배를 먼저 챙겼고, 후배는 기꺼이 불편함을 감수하며 선배를 먼저 생각했다.

"하나 남은 거 우리 막둥이가 먹어!"

"불편할 테니까 선배가 안쪽 자리에 앉아요."

이렇게 사소한 일들이 서로에게 충분한 배려로 와 닿은 셈이다. 여행이 지속되는 기간 동안 서로를 배려하는 우리의 룰은 깨지지 않았다.

두 번째, 서로의 역할이 분명했다는 것. 그리고 어떤 상황에서도 주어진 임무를 충실히 이행했던 것! 함께 여행을 자주 다니다 보니, 각자의 역할이 암묵적으로 정해져 있었다. 맏언니인 레나 선배는 총명한 머리의 소유자로 여행지의 정보나 루트를 잘 짜 나침반 역할을 했다. 그리고 세심하고 배려 깊은 사나 선배는 소지품을 잘 챙기는 일부터 가장 가녀린 몸이지만 엄청난 괴력으로 항상 힘쓰는 일을 자처하곤 했다. 막내인 나는 분위기 메이커 역할과 모든 회비를 관리하고, 비용을 책정하는 총무의 일을 도맡아했다.

이런 셋의 역할은 남미 여행을 가면서도 그대로 이어졌고, 각자의 임무를 열심히 수행하면서 우린 서로의 또 다른 점을 발견했다. 레나 선배는 수년간의 여행 경험으로 계획을 아주 잘 짠다. 효율적으로 포인트만 콕콕 찍어서! 특히 지도를 잘 보고 순간의 빠른 판단력으로 여행을 보다 풍부하게 즐길 수 있도록 도와준다.

그런데 이렇게 똑똑한 선배에게도 단점은 있었다. 무엇인가를 자주 흘리고 잃어버린다는 것. 셋이 식사를 하고 나면 레나 선배의 테이블은 항상 음식물이 떨어져 있었다. 또 얼마나 자기 물건을 아무렇게나 흘리고 다니는지! 그래서 여행 중 잃어버린 물건도 몇 가지. 그

어디서나 활짝 웃고 떠들었다.

런데 여기에서 사나 선배의 꼼꼼한 성격이 반짝 빛을 발하곤 했다. 레나 선배가 뭔가를 잃어버려 발을 동동거리고 있으면 어디에선가 나타나 "선배 이거 찾아요?" 하고 잃어버렸던 물건을 슬그머니 내민다. 그때 사나 선배의 온화한 미소란!

　남미 여행을 하면서 특히 열쇠로 문을 따는 일이 정말 어려웠다. 그럴 때마다 우리는 사나 선배를 바라보곤 했다. 우리 셋 중 힘이 제일 센 것은 기본, 도구를 잘 다루기 때문이었다. 겉모습은 가장 가녀리고 약해 보이지만 힘도 세고 꼼꼼해 주위 사람을 잘 챙기는 스타일이다. 또 상대방에 대한 배려심은 얼마나 깊은지. 여행 중 내가 아파 드러누웠을 때도 엄마처럼 세심하게 간호해주었다. 성격도 '천상 여자'라 섬세하고 생각도 많다. 단지 그 때문에 곧잘 상처를 받는 게 흠이지만. 여행 중 맥락 없이 울음을 터뜨려 주위 사람들을 패닉에 빠

여행 속 일상. 미용실 가기!

뜨리곤 했다. 하지만 우리는 안다. 그러한 여린 감정 선에서 섬세하고 아름다운 글을 쓸 수 있는 재료를 얻는다는 것을.

세 여행자 중 막내인 나는 호탕한 성격에 '몰라, 믿어!'를 모토로 삼고 살아가는 천방지축 30대다. 결정했다 하면 뒤도 돌아보지 않고 앞장서서 일을 일사천리로 밀고 나간다. 이번 남미 여행 역시 빠른 결정과 LTE급 사직 선언으로 선배들을 깜짝 놀라게 했으니까. 하지만 그런 당찬 결정은 오기로 변해 스스로를 무너지게 만들기도 한다. 예를 들어 무리한 일정이나 트레킹에도 '꼭 해내고 말겠다'는 오기를 부려 체력이 방전돼 다음 일정을 모조리 말아먹는다든지, 괜스레 욕심을 부려 화를 자초하기도 한다든지. 거기다 파이팅 넘치는 식탐은 덤. "한국 가면 이런 거 다 못 먹어!" 하며 욕심을 부려 탈이 몇 번이나 나기도 했다.

그러니까 우리는 남미 여행을 하며 서로에 대해 더 많이 알게 되었고 서로를 더 믿게 되었다. 여행을 무사히 마칠 수 있을까 걱정은 했지만, 누구도 서로를 의심하지 않았다. 이렇게 우리는 성격은 달라도 그래서 더 잘 어울리는 여행 메이트! 세 여행자의 남미 여행은 셋이기 때문에 가능했던 여행이었다.

　　　　　　　　　　　　　　　　　　　　　　　　　　— 막내 로라 씀

에필로그 2
언제 어디서든 여행 같은 삶

파티는 끝났다

여행을 하면서 우리가 가장 많이 나눴던 얘기는 '어떻게 하면 한국으로 돌아가서도 이렇게 행복하고 즐겁게 살 수 있을까'에 대한 것이었다. 사실 아무리 셋이 머리를 맞대고 고민해봐도 답이 잘 안 나오는 난제.

한국에 가면, 우린 어쩔 수 없이 다시 돈을 벌어야 하고 나이를 먹을 만큼 먹었음에도 불투명한 미래에 불안해야 하고, 나이 많은 여자에 대한 사람들의 오지랖에 시달려야 할 테니까. 남미는 그 자체로도 좋았지만, 우리가 힘들었던 곳에서 아주 멀리 떠나왔기에 그래서 더 좋았던 건지도 몰랐다.

그렇게 몇 개월의, 길다면 긴 여행도 결국 끝이 났다. 여전히 도시

따뜻한 현지인들 덕분에 여행이 풍요로워졌다.

의 생활은 바쁘게 돌아갔다. 주변 사람들은 모두 출근을 하고 퇴근을 하는 바쁜 일상 속에 파묻혀 있었다. 우리의 예전 모습과 같았다. 한 달 동안은 이런 일을 하지 않고 자유롭게 보냈다. 우리 셋은 평일에 공원을 찾았으며 더 행복하게 살기 위한 방법에 대해 고민했다. 그것은 어쩌면 여행의 후유증이었을지도.

이렇게 긴 배낭여행이 처음이었던 로라에게는 더욱 혹독했던 모양이었다. 돌아와서 사람들을 만나며 이것저것 정리하는가 싶더니 충동적으로 비행기 표를 끊어 제주도로 훌쩍 날아갔다. 그것도 편도 티켓으로.

SNS에 올라오는 사진을 보며 아직도 풍선같이 부푼 마음을, 어디에 정착할지 모르는 로라의 마음을 다독여주고 싶었다. 우리는 로라 몰래 제주로 떠났다. SNS를 통해 해변 앞 카페에 앉아 있다는 속보

끝 모를 길도 행복하게 걷고 또 걸었다.

를 접하고, 잠입 성공. 로라의 뒷덜미를 잡을 수 있었다.

"이제 돌아오시지!"

우리 셋은 다시 여행을 시작했다. 이번엔 다시 돌아오기 위한 여행을. 함께 제주 땅 이곳저곳을 밟으며 오늘과 내일에 대한 이야기를 했고, 고마운 멘토들을 만나 조언을 들었다.

우리를 이어줬던 잡지 《사색의 향기》 편집장님은 제주에 정착해 새로운 삶을 살고 있었는데, 차로 제주의 이곳저곳을 구경시켜주며 어떤 일이든 할 수 있을 거라고 용기를 불어넣어주었다. 여행작가이자 프리랜서 선배인 이영근 작가님은 평대리의 근사한 숙소를 하룻밤 빌려주었다. 신선한 회도 실컷 얻어먹었다. 이호테우 해변의 하나 게스트하우스 사장님 부부는 마치 이모, 삼촌 같았다. 경기도에 살다가 충동적으로 제주에 내려와 제2의 인생을 시작한 경우. 게스트하우스 사람들과 함께 밤늦게까지 탕수육 파티를 벌이며 어디로 어떻게 굴러갈지 모를 인생을 찬미하던 그 밤.

어쩌면 우리는 굳이 멀리 가지 않아도 행복할 수 있다는 걸, 이미 깨달았는지도 모른다.

행복을 위한 용기

서울에 올라온 우리는 공간을 찾기 시작했다. 우리만의 공간에서 재미있는 일을 벌이고 싶었다. 합정동에서 단박에 마음에 드는 집을 구할 수 있었다. 40년이 넘은 오래된 연립주택은 한아름주택이라는 촌스러운 이름을 간판처럼 달고 있었다. 정다운 낡음에 매료되었고, 커다란 창문 가득 들어오는 볕이 마음을 데워주었다. 작업실에 '글을 씀', '마음 씀씀이'라는 뜻의 '씀씀'이라는 이름을 붙였고, 글 쓰는 사람들에게 문을 열어뒀다.

어떻게 생각하면 행복해지는 건 참 쉽지 않은가. 맛있는 것을 배불리 먹고, 내가 좋아하는 사람과 자주 만나 실컷 수다를 떨고, 멋진 사람들과 새롭게 알아가며 자극도 받고. 굉장히 많은 돈이 필요하거나 어려운 조건이 있는 것이 아니더란 말씀.

그렇게 우리는 합정동에 우리만의 아지트를 만들었다. 합심해서 공간을 예쁘게 꾸미고 매일같이 출근하듯 와서 각자의 작업을 한다. 또 다른 30대 여인들의 합류로 아지트는 늘 북적북적. 식구가 늘어나니 재미있는 일은 그만큼 더 많아졌다. 하고 싶은 일을 마음껏 하기로 했으므로 우리는 서로를 말릴 수 없다. 로라는 거실 천장에 미러볼을 달고 싶다고 했고, 그렇게 했다. 사나는 친구들과 시낭송 모임을 하고 싶다고 했고, 그렇게 했다. 수요일에는 글쓰기 모임이 만들어지고, 일요일에는 작은 서점이 열렸다. 공간 한 켠에는 작은 갤러리를 마련해 우리가 찍었던 남미 사진을 전시했다. 거실엔 공들여 고른 커다란 나무 탁자를 놓았다. 그곳에서 글을 쓰고 재미있는 모임을 갖고 술을 마시기도 한다. 서로 마주 보며 소소하게 행복한 삶에 대해 이야기하고 있다.

지금의 우리는

나는 여전히 소설가 남편과 고양이 네 마리를 돌보며 잘 살고 있다. 집 앞에 대형서점이 생겼다며 행복해하고, 아침마다 수영을 하고 조깅을 한다. 자유기고가로 여러 글을 쓰고 새로운 글쓰기를 시도하고 있다. 겉으로 보기엔 긍정을 타고났다고 생각했던 나는 마음 깊은 곳에 상처를 끌어안고 있었다. 그것을 하나하나 풀기 위해 나만의 이야기를 쓰고 있다. 그 이야기 속에는 내 나이테 같은 인생이 잎처럼 돋아나고 있다.

사나는 여전히 여행기자로 글을 쓰며 돈을 벌지만 나머지 시간엔 쓰고 싶은 글에 대해 생각한다. 이제는 특별히 가방을 꾸리지 않고도 여러 날 길 위에서 잘 수 있는 용기가 생겼다. 사진을 좀 더 잘 찍게 되었고 글을 좀 더 잘 쓰고 싶은 욕심이 생겼다. 여행기자 일이 이상

셋이기에 가능했던 남미 여행.

하게 더 좋아졌다. 시인의 수업을 들으면서 쓸모없는 일이 삶을 즐겁게 해주는 것이란 걸 알게 되었다. 빡빡한 취재 여정 속에서 시선에 여유가 생겼다. 어떤 여행이든 자신을 변화시킨다는 것을 믿기 때문에. 그리고 시를 쓴다.

로라는 남미 여행을 가기 전에 다녔던 회사에 재입사했다. 선배였던 대표님의 다독임에 다시 회사 생활을 시작했다. 작은 회사라 일의 분담이 어려워 여러 일을 도맡아한다. 점점 일의 영역이 넓어지는 만큼 자리도 위치도 성장하고 있다. 그러는 틈틈이 여행을 하고 연애를 한다. 인생의 그 어느 때보다도 최선을 다해 30대를 살아내는 중이다.

그렇게 우리는 각자의 자리에서 남미를 조금씩 그리워하며 시간을 보내고 있다. 냉정하게 말하자면 여행 후 우리는 변하지 않았다. 이 책을 쓰며, 여행의 전과 후 뭔가 드라마틱하게 변화했다고 얘기하고 싶지만 그렇지가 않다. 낯선 땅에서 보낸 몇 개월이 이 땅에서 살아낸 몇 십 년을 바꿀 거라 예상했다면 그건 지금껏 열심히 살아온 내 삶에 미안한 일이니까. 원고를 마감하기 위해 합정동 작업실에서 셋이 머리를 맞대고 기억을 조립하고, 글을 쓰고, 사진을 고르는 시간. 그것 자체만으로도 우리는 행복했다. 우리는 행복한 여행을 했고, 그 여행은 현재진행형이다. 마음만 먹는다면, 우리는 언제 어디서든 '행복한 여행'과 같은 삶을 살 수 있다.

여행을 일상처럼, 일상을 여행처럼 사는 일.

마치 우리가 무작정 남미 여행을 떠났던 것처럼, 하고 싶은 일은 일단 단행해볼 것. 행복해지기 위해서 이만한 용기는 내볼 만하지 않은가.

— 맏언니 레나 씀